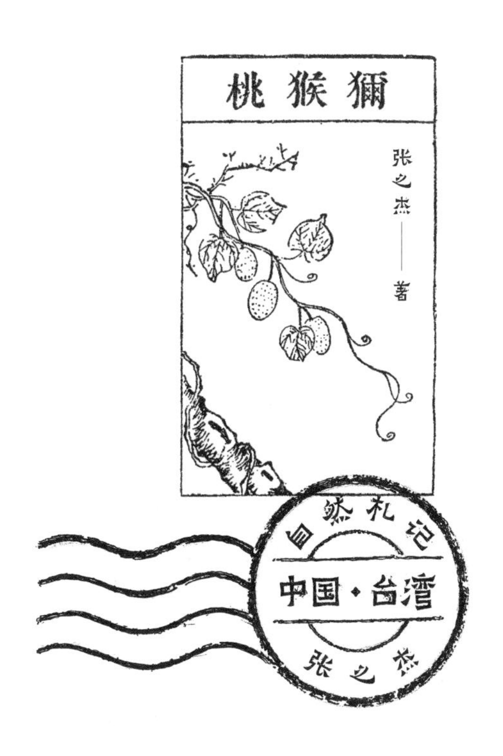

中国科学技术出版社
· 北京 ·

目录

序

让更多人乐于认识自然

我在世新大学开设“普通话正音与播音技巧”课程。今年四月中旬的一天中午，我到学校的翠谷餐厅进餐，落座不久，发现隔着两张桌子的一位老师很像一位老朋友，我还不大敢相认，那位老师已认出我来，他就是张之杰老师！更没想到的是，他正要找我呢！他为警察广播电台写的短文正在报上连载，他要寄一份给我做纪念。

结识张之杰老师，要从一九八四年说起，那年警察广播电台开辟了一个新节目——“自然的奥秘”，第一任节目主持人是张之杰。学者主持节目不似专业节目主持人滔滔不绝，引来很多的“粉丝”，但“自然的奥秘”颇有深度，是叫好又叫座的节目之一。身为警察广播电台导播的我，既不能“导”也不能“播”，只能成为忠实听众的一员。

记得有一集谈鲑鱼，张老师就好似说故事般娓娓道来，使人了解鲑鱼的“伟大”，我之所以印象深刻，是因为这篇讲稿后来在报上发表，而且曾入围广播金钟奖最佳撰稿。以后不论到新西兰或日本等一些旅游地，旅行团往往会带我们看鲑鱼的故乡，并讲述鲑鱼的故事，这时我就会对团友们卖弄我从“自然的奥秘”节目中得来的知识。

一九九四年，电台为因应广播频道开放、收听率竞争，改变经营策略，完全以报道路况为主，并实行“三一二一”计划，也就是三分钟歌曲、一分钟路况、两分钟信息、一分钟路况，如此循环，掌握开车族群。总台长赵镜涓女士想起张之杰，要我和他联络，就这样，张老师开始为警察广播电台撰写三百字左右的短文，取名《张之杰札记》，在路况报道中，间隔播出，为时约两年。

时间一晃又是十几年，没想到在世新的翠谷餐厅相遇！我们交换名片，第二天张老师就把《自然札记》用电邮寄给我了。看完他的自序，才知道《自然札记》由《张之杰札记》衍生而来。当时我正需要一些长短适中的短文，作为期末考的考题，《自然札记》来得正是时候。

在我居间联络下，今年六月六日，由总台长沈伯阳先生出面，约请张老师、前总台长赵镜涓和导播谢慧、白娟以及主持人陈亭等老同事餐叙。当年大家都还年轻，如今差不多都退休了。席间谈起张老师的《自然札记》，他说，一俟在报上连载完毕，就要设法出书。

今年十月间，张老师来信，说《自然札记》正在编辑，要我写篇序。欣喜之余，就把一些陈年旧事写出来吧。《自然札记》中约三十篇是《张之杰札记》的老文章，我可是这些老文章的第一个读者喔！札记的文字简洁、隽永，寓知识于文学，从认识张老师至今，他的文风从没变过。我除了预祝本书成功，更希望张老师多写点类似的文章，让更多人乐于接触自然、认识自然。

丁芳

2007 年 11 月 29 日于台北

繁体版前言

是回忆，也是自然史

一九八四年，我向警察广播电台毛遂自荐，提出“自然的奥秘”科普节目计划，蒙台长段承愈先生、节目部主任赵镜涓女士青睐，成为这个节目的第一任主持人。

一九九四年，某日突然接到警广知名主持人丁芳女士的电话，她告诉我，赵镜涓已当上总台长了，接着说，总台长和她想找我撰写三百字左右的短文，作为节目间的过门。这么多年未曾往来，她们竟然还记得我，这份情谊让人感动莫名。就这样，我为警广撰写了两百多篇短文，以《张之杰札记》的名义播出，为时约两年。

十多年过去了，那些短文还留下一百多篇底稿。二〇〇四年，我将那些短文请人打字，交给先觉出版社（属圆神集团）主编张嘉芳女士，她建议将属于自然的部分扩充成八十篇，配上图片，出本将近两百页的精致小书。可是属于自然的只有三十来篇，补写的事非一蹴可及，当时我在圆神当顾问，为免瓜田李下，决定等离开后再补写不迟，事情就搁置下来。

二〇〇五年春，我离开圆神，约半年后补写完毕，为免每篇三百字过于单薄，各篇又补上一两百字的延伸性边栏。当一切停当，不意张小姐也离开了。

二〇〇六年春，选取其中二十篇，寄给《中央日报》副刊，我是中副的老作者，在孙如陵先生做主编时就写过专栏，不意才刊出三或四篇，《中央日报》竟然停刊了！同年夏，选取其中二十篇寄给《联合报》副刊，他们给我辟了个迷你专栏“自然小品”，不定期刊出。本想在联副慢慢刊登算了，但平均一个月刊出一篇，八十篇不知何时刊完。

二〇〇七年初，决定扩充至一百篇，找一家出版社出版。恰于这时，我因长篇历史小说《赤崁行》与《金门日报》副刊结缘，在等待连载期间，主编希望我能提供些短稿，用来填补版面。我将一百篇寄过去，请他们任选一些备用，不意他们看中了这批札记，从四月二日起到七月七日，足足连载了一百天。至于《赤崁行》，开始连载已是一年多以后的事了。

札记在金副连载期间，找个地方出版的念头更为强烈。我出版过几十本书，没有一本畅销，这本札记当然不会例外。从前以我的资历找人出书并非难事，但时下出版愈来愈难做，书的内容愈来愈浅俗，我的书不合时宜，实在难以向人启口，看来只能自己设法了。

于是我请老同事黄台香女士帮忙，由她的风景出版社出版、发行，由我支付出版费用。这么做，是为自己的工作做个了结。警广的“张之杰札记”，是此生值得称述的工作之一。我已到了整理人生的时候了。

我小时候，台湾的自然环境还没破坏，在大自然的陪伴下长大。后来学生物，对大自然的认知加深。这样说吧，札记中凡是亲身经历、在台湾发生的，都可视为台湾的自然史，这或许是本书的价值所在吧。

2007 年于新店蜗居南轩

简体版前言

奇妙的因缘

世间一切事都离不开因缘。有意无意间种下的因，他日可能结出意想不到的果。本书得以出版繁体字版和简体字版，就是个好例证。

先说繁体字版的出版因缘。大约一九九六年，前三联出版社副总编辑林言椒先生计划成立一家公司，找锦绣出版公司入股。锦绣董事长以个人名义赞助一笔钱，我们几位主管只好跟进，当时没想到能够分到红利，更没想到可以收回股本。

林言椒先生真能干！他成立的文化传播公司不久就开始赚钱，还买了办公室，我们每年也可分到一些红利。大约二〇〇六年春，林先生来信说，他年事已高，公司将交给年轻干部经营，资本将做个结算，要将股本还给大家（林先生去世后我们才知道，他得了癌症，他真是位有为有守的君子）。

林先生退回的股本，刚好可以用来做一件构思已久的事。我从一九九六年研究科学史，十年磨一剑，就用这笔意外之财出两本文集吧。于是在老同事黄台香女士的风景出版社，先后推出《画说科学》

和《科技史小识》，前者是我的科学史研究代表作。

连续出版了两本书，林先生退还的股金已经用罄，就一不做二不休地连《自然札记》也比照办理吧。《自然札记》的封面请《科学月刊》美编姜泉先生操刀，姜先生曾是我的工作伙伴，较为知道我的好恶。内页版式也是美编按照我的意思设计的，既简单，又清爽。总之，这本小书处处寄寓着我的喜好和个性。

因此在我出版的四五十种书中，最最喜欢的就是这本《自然札记》。自二〇〇七年出版以来，已送出将近三百本，是我送人最多的一本书，也是最多人叫好的一本书。二〇一五年在成都送出的一本，引来简体字版的出版，这段因缘值得一叙。

二〇一四年四月间，我因参加“第四届海峡两岸科学传播论坛“而有京、渝之行。四月二十三日上午，在京与大陆业者洽谈时，见到科普出版社副总编辑杨虚杰女士，彼此交换名片，并没深谈。

二〇一五年七月间，我因出席世界华人科普作协的颁奖活动，而有成都之行，再次遇到虚杰，她刚好坐在我的后面。我送给她一本《自然札记》，两人聊得很投缘。分手后通过几封信，她说很喜欢《自然札记》，希望能够出版简体字版。

当年八月二十九日至九月二日的第八届海峡两岸科普论坛在山东日照召开，我们都会参加。当虚杰知道我是山东诸城人，她说她有几位诸城朋友，将请其中一位开车带我到五莲山走走。五莲山当年归诸城，现归五莲县，是胶莱地区崂山以外的另一名山。

时光荏苒，一转眼就到了八月下旬。参加第八届海峡两岸科普论坛的台湾与会者八月二十九日抵达日照，八月三十日早餐时见到虚杰，她说已联络好诸城的朋友，又说，赴五莲山途中，要和我谈谈《自然札记》简体字版的事。我告诉虚杰，由她全权处理，我不是畅销作家，有人肯出简体字版就很高兴了，哪会谈什么条件！

回到台湾，继续与虚杰通信，不久《自然札记》简体字版的事就定案了。虚杰说，简体字版将出成全彩的，还说要以类似体式，出版全国各省市的自然札记。如今大陆的自然环境正在迅速改变中，延请老作家书写各地的自然史已刻不容缓，虚杰的构想如能实现，其功德将不可称量。

今年三月七日，科普出版社寄来合同，稿费多得出乎意料！这笔意外之财又可以用来做一件事了。做什么呢？让我仔细想想。

二〇一六年植树节次日

于新店蜗居

是回忆，也是一部台湾的自然史！

原始之美

居住新店数十年，距离寒舍最近、最容易接近的一处原始林，可能就是乌来的云仙乐园。阳明山主要是次生林，要进入原始林没有云仙乐园方便。

在原始林中才能看到大自然的真美。原始林的特色是树木种类多，树龄大小不一，有低矮的灌木、有高大的乔木、有才发芽的小树苗、有老得快要化为枯木的古树，形成一片郁郁苍苍的混沌世界。因为植物的种类多，昆虫、鸟类等动物的种类就多，为森林添加了动态和生气。

只有当我走进斧斤未入的原始林中，我才能体会到：为什么台湾叫作Formosa（葡萄牙殖民者对台湾的称呼，意为“美丽岛”）！或许是美学教育有问题吧，我发现人们愈来愈欣赏人工整治出来的人造美，不会欣赏自然的真美。要保护我们大自然，或许要从美学教育入手吧！

次生林和人造林

原始林砍伐过后，风力或鸟儿带来种子，自行长出杂草树木，成为次生林，林相和原始林相仿，但缺少时间积淀，不像原始林那么深邃。人造林通常为单一树种，在台湾，低海拔山区以相思树和竹子为主，在中高海拔地区，以柳杉为主。人造林整齐划一，让人不期然地想起军队。

原始林树种混杂，
树龄不一。
图为太平山原始林中的桧木，
图中一株已腐朽倾圮。
巫红霏摄。

自然冷感症

狗成为人类的家畜，少说也有一万年了，但直到今天，狗仍然保有许多祖先的习性。举个例子：狗睡觉前，常围着原地转几圈，模仿祖先踩倒茂草的动作。带狗出去，就一路小便，重温祖先用尿划界的习性。这些祖先的行为，经过长期演变，有些已经变了质，只剩下一个样子。

其实，我们人类何尝不是如此。长久与大自然疏离，使得许多人患了自然冷感症。他们虽有奔向大自然的冲动，但到了野外，却只知道野餐、照相，根本就不知道怎么和自然相处。对他们来说，郊游已成为一种形式，这和狗模仿祖先的行为，又有什么不同？

我们纵然不能像庄子般，与大化同游、与天地精神相往来，但起码应该懂得：投身大自然，不仅仅是野餐和照相而已。

鲸类搁浅

关于鲸类搁浅，有好几种说法，其中一种是用返祖行为来解释。鲸类由陆生的中爪兽演化而来，曾经历过一段水陆两栖生活阶段，当时在海中遇到危险就逃到陆上。返祖说认为，当鲸类遇到危险或精神压力时，就表现出祖先的行为，导致搁浅。

二〇一五年八月十一日，一只侏儒抹香鲸在新北市野柳海边搁浅，图为救援情形。陈德勤摄。

开垦的习性

中国的汉族人，可能是世界上最喜欢开垦的民族。试走一趟北横或南横，低的地方种茶和槟榔，高的地方种高丽菜，在两千米以下，几已找不到斧斤未到的地方。有些山坡地坡度已达七八十度，仍然照垦不误。我到过若干少数民族地区，只要有汉族人进入，就弄得到处童山濯濯。汉族人对土地的利用，简直到了“穷凶极恶”的地步。

今人的胡乱开垦，有时只是出于习惯，并不一定和经济有关。举例来说，寒舍附近的景美溪畔，有些人在堤防边的水泥地上，围上一些旧木板，里面填上土，就成为杂七杂八的菜畦。这些种菜的人，家里并不穷，也不见得买不起那点儿菜，但为了占一小块地，满足一下喜欢开垦的习性，却将整个环境给破坏了。

黄河水患

据史学家研究，当黄河上游被少数民族占领时，水灾就会减少，反之，当汉族人据有黄河上游时，水灾就会增多。道理很简单，汉族人走到哪里，开垦到哪里，就破坏了哪里的森林和草原，土地不再涵养水分，造成水土流失，一旦遇到大雨，难免酿成洪灾。近年来台湾水灾和泥石流频发，也是过度开垦和开发所致。

日月潭附近山坡地的槟榔。
据农委会资料，
台湾槟榔农户达七万户，
对山坡地水土保持造成重大危害。
Vegafish 摄，
维基百科提供。

变形的神像

西藏有一种泥板做的小神像。有一年我从拉萨哲蚌寺请回几块，其中一块送给一位同事，他把那块神像摆在办公室的书柜上。

大约半年后，一天，他以惊慌的口吻对我说："你送我的小佛像自己变形了。"我三步并作两步地跑到他的办公室，可不是，只见神像的脸部，有两处凸了出来，其他地方也像起了毛似的，变得有些模糊。这位同事十分害怕，表示要把那块神像还我，不敢要了。

我取过来仔细端详，看不出所以然来。用指甲轻轻一刮，底细露出来了，原来是两个蟑螂的卵！蟑螂先将卵粘在泥巴小神像的脸上，再咬下旁边的泥土，涂在卵上。蟑螂掩饰得太好了，非但把那位同事吓得要死，也差点把我给骗过去了。

擦擦

喇嘛庙的神龛中置有大量用模型塑造的泥板小神像，大多单面，也有双面的，图案以佛塔和神佛为主。这种小神像藏语称为"擦擦"，意为"真相"或"复制"。擦擦由信徒制作、捐献，用来累积功德。庙里的擦擦是不能取的，当时我不知道，读者千万不要明知故犯。

藏族泥塑小神像——擦擦，
由善信制作、捐献，用来累积功德。
图为北京中国唐卡文化研究中心收藏的擦擦，
图中未着色者为文殊菩萨，着色者为莲花生大士。
降边嘉措摄。

竹节虫

有一天，一位同事打电话给我，说要拿个东西给我看。电话才刚放下，那位同事已出现在我的办公室门口。他手捧一个小纸盒，打开只见里面斜躺着一段带杈的枯树枝。我拿近细看，终于看出来了——原来是只竹节虫！无论颜色还是形态，都活像一段枯树枝。拟态拟得这么好的竹节虫，我还没看过呢！可惜我不是昆虫学家，只能认出它是一种竹节虫，叫不出确切的名字。

拟态，是生物世界常见的一种现象。那位同事给我看的竹节虫，它趴在树上，相信可以瞒过绝大多数的天敌。

还有些生物，自己没毒，却长得和有毒的同类一模一样，让天敌误认它也有毒，不敢吃它。例如大桦斑蝶和拟大桦斑蝶，前者有毒，后者无毒，这两种蝴蝶的外形非常相似，连人类都很难分清，更不要说是天敌了。

拟态

拟态是形态和颜色上的适应。常见的拟态例子，如竹节虫像树枝、枯叶蝶像枯叶、花螳螂像花朵等，借以隐蔽行踪。如果无毒生物和有毒生物相似，特称贝氏拟态，大桦斑蝶和拟大桦斑蝶即为一例。如果有毒生物彼此相似，特称缪氏拟态，可增加掠食者避开它们的机会。

竹节虫目昆虫大多具有拟态行为。图为一种竹节虫。源自 http://home.tiscali.be/entomart.ins，法文版维基百科提供。

采化石

高三暑假的时候，大学联考已经考过，闲着没事，天天到碧潭下游的小碧潭游泳。一天，我和几位玩伴比赛搬起一块大石头，然后用力推出去，看谁推得远。轮到我的时候，那块大石头已经砸裂了，在裂开的地方，赫然出现一块贝壳，这是我所采到的第一块化石。

从那时起，我经常到河边采集化石，起初只是漫无目标地乱砸，后来砸出点经验，采到的化石就渐渐多了。我将采到的化石堆在床底下，到我读研究生时，数量已相当可观。后来在中学任教的家兄指导学生做科学展览，他看中了我的那些化石，挑选了二十几件精品送去展览，结果全部被人顺手牵羊拿走了，一件也没留下。因为精品已失，我对那堆化石也就失去兴趣，后来寒舍拆迁，那堆化石就不知去向了。

龙骨和甲骨文

中药中的“龙骨”，并不是恐龙的骨骼，而是脊椎动物（主要是哺乳类）的骨骼或化石。1899 年，在京候补的官员王懿荣染患疟疾，医生给他开的处方中有一味龙骨。王懿荣无意间发现，买回的龙骨上刻有文字，他对金石学素有研究，意识到这种龙骨价值非凡。甲骨文就在这一偶然的机遇中重见天日了。

鱼类化石（学名 *Coelodus costai*），源自米兰自然史博物馆。Giovanni Dall'Orto 摄，法文版维基百科提供。

琥珀昆虫

有次逛夜市，遇到一位卖琥珀的波兰人。他卖的都是真品，价格也不贵，可能做工较粗，也可能识货的不多，没看到有人光顾。我走过去，他拿起几件琥珀做的首饰向我兜售，用生硬的普通话说："买给你太太。"我指指一小堆未加工的琥珀，问他能不能看看，他说可以，刚一翻弄，赫然发现其中一块封存着一只昆虫。那位波兰人索价五千块钱，可惜那天身上只有几百元，否则我就拥有一只琥珀昆虫的标本了。

琥珀是松脂的化石。几千万年前，有些昆虫不小心被松脂黏住，松脂继续分泌，整只昆虫被裹起来。当这块松脂落入水中，或埋入土中，机缘巧合的话就可能成为化石；封在松脂中的小昆虫，也跟着变成琥珀昆虫。有些琥珀昆虫栩栩如生，简直和活着的时候没什么两样。

蜜蜡

琥珀主要产在波罗的海沿岸。大多由始新世（距今5870万~3660万年前）一种松树的树脂石化而成。至于蜜蜡，指埋在地下时间较短（几百万年）、还没完全石化的树脂。蜜蜡的外观和性质与琥珀相近，但不如琥珀透明，价格当然也较琥珀便宜。

琥珀为树脂的化石。
图中的蚂蚁被树脂困住，和树脂一同成为化石。
Anders L. Damgaard 摄，英文版维基百科提供。

怀念阿里云海

“阿里云海”曾经是台湾八景之一，但因为阿里山上的森林差不多已被砍光，云海从此难得一见。即使有，也不过是稀疏的云雾，算不上什么云海。

几十年前，我曾经前往阿里山采集植物标本，在山上待了8天。那时阿里山上的云海千变万化，也会因为风力作用，响起海涛般的声响。

记得有一次我们正在山路上行进，忽然一大片云海飘过来，将我们的下半身裹住，而上半身却“浮”在棉絮般的云海上面。我们看不清脚下的路径，再也不敢前进。大家站在原地，像腾云驾雾一般，美妙极了。事隔数十年，此情此景仍然历历如在眼前。

两岸开放往返后，我游历过黄山。黄山云海天下闻名，但在我的心目中，阿里云海的印象似乎更为深刻。

高山青，涧水蓝

阿里山驰名海内外，除了自然景观，恐怕还和歌曲《高山青》有关。1949年春，上海国泰电影公司来台拍摄《阿里山风云》，这部电影成为台湾第一部普通话片。片中的主题曲《高山青》，由导演张彻作曲（一说周蓝萍作曲）、邓禹平作词，1950年上映，随即传唱海内外，成为台湾最知名的歌曲。

著名漫画家丰子恺一九四八年曾游台湾，归后绘下这幅《阿里山云海》，题词叙说对时局的忧虑。

景美溪忆往

寒舍附近修了一座水泥桥，跨越景美溪，通到木栅。一天，我信步走上这座桥，凭着桥栏下望，只见桥墩周围吴郭鱼成群，在近岸处，还看到一条至少有两斤重的泰国塘虱鱼。看到这些外来鱼种，不禁想起小时候的景美溪。那时景美溪沿岸杂树野草密布，很不容易接近。

有一天，我和几位玩伴带着钓具和砍柴刀，来到现在的宝桥附近。像电影中的密林探险一般，好不容易才开出一条通道，钻到河边。那时景美溪鲫鱼特别多，我们一下钩就有收获，但只钓了一会儿，就不敢再钓下去了。原来我们身旁的草丛和树丛中随时有蛇出没。当我们看到头顶上方的树枝上缠绕着一条青竹丝，而身后的草丛中又好像有一条龟壳花时，连忙挥舞着砍柴刀离开现场。

几十年过去了，现在的景美溪早已失去它的自然风貌，今昔相比，变化多么大啊！

台湾的毒蛇

台湾的蛇类有五六十种，其中毒蛇主要有6种：百步蛇、龟壳花、青竹丝、雨伞节、眼镜蛇和锁链蛇。锁链蛇只产在东部，所以较常见的只有6种。毒蛇有毒牙，观察齿痕就可以知道是哪类蛇咬的。百步蛇、龟壳花、青竹丝属于响尾蛇科，毒牙的齿痕在小牙齿的前面。雨伞节、眼镜蛇属蝙蝠蛇科，毒牙与小牙齿的齿痕平齐。无毒蛇没有毒牙，齿痕和毒蛇很容易区分。

景美溪沿岸筑起三米的堤防，堤外的道路、停车场和高楼，就是当年的蓁莽野地，与记忆中的景美溪相对照，令人有不胜今昔之感。作者摄。

大肚鱼

几十年前，只要有水的地方，如稻田、小池塘，甚至市区的水沟，都可以看到成群的大肚鱼。

小一那年，一位同学说要带我去钓鱼。我们来到学校附近的一处“炸弹窟”（二战时盟军炸出来的池塘），他挖些蚯蚓，取根棉线，将蚯蚓绑住，再用铅笔刀把蚯蚓纵向切成细丝。我不知他搞什么，只有在一边看的份儿。他拽着线，在池边逗弄，马上就有一群小鱼游过来，它们可真贪吃，咬着蚯蚓“肉丝”不放，他将棉线猛然一提，鱼儿就被钓上岸了！他用闽南话说出那小鱼的名字，我听不懂，他比比自己的肚子，又指指小鱼，我明白了，它叫大肚鱼啊！

大肚鱼又名食蚊鱼，属于胎鳉鱼科。原产美国中部，1913年前后，为了扑灭疟疾，从夏威夷引进台湾。大肚鱼适应力极强，很快就分布全省各地。如今在一些污染较轻的水域，仍可看到它们的踪迹。

孔雀鱼

1966 年，旅居特立尼达和多巴哥的英国博物学家古毕（Robert John Lechmere Guppy，1836 — 1916），将一种小型热带鱼交给大英博物馆，经艾伯特·冈瑟博士（Dr. Albert Gunther）鉴定为新种，为了纪念古毕，就以 guppy 为名。1912 年前后 guppy 传到中国，因其尾部绚丽如孔雀，便取名孔雀鱼。孔雀鱼和大肚鱼同科，都是卵胎生的。因为容易饲养，很适合新手，而老手可借着配种养出新的品种，最能享受养鱼的乐趣。

西方人称孔雀鱼为guppy，这是纪念发现者Guppy而命名的，图为Guppy氏小像。

1962年匈牙利发行孔雀鱼邮票。

德文版维基百科提供。

绿牡蛎

有一年春天到青岛开会，吃到的海鲜至今仍然齿颊留香，其中最让我怀念的是牡蛎。台湾的高级餐厅也有进口的大牡蛎，但价钱太贵，而且不够新鲜。青岛的大牡蛎都是活的，现吃现烤，一上就是一大盘。一片片的牡蛎壳内，乳白色的液汁中浸着白嫩的牡蛎肉，又肥又鲜，吃起来过瘾极了。

记不得从什么时候开始，台湾的牡蛎已变成绿色的了。工业废水污染了西海岸的海域，使得牡蛎体内积存了过量的铜和锌，因而变成不同程度的绿色。这种变了颜色的牡蛎谁还敢吃！

食品污染的案例多得很，岂止是绿牡蛎而已！牡蛎遭到铜、锌污染，会变成绿色，可让我们提高警觉，至于那些无色无味的污染呢？只有天知道了。

软体动物

软体动物分为五大类，较常见的是斧足类、腹足类和头足类。斧足类又称双壳类，顾名思义，它们的壳有两瓣，常见的有文蛤、蚬、牡蛎等。腹足类包括陆生的蜗牛、蛞蝓和水生的各种螺类，有趣的是鲍鱼也属于腹足类。头足类包括乌贼、鱿鱼、章鱼等，鹦鹉螺也属于头足类。

2007 年 10 月发行的“台湾贝类邮票”第一辑四枚，

皆属于腹足类。

气象变化

报上说，台湾的气温较三十年前平均高了一度。回想一下小时候的情景，的确如此。

在我的记忆中，台北至少下过三次霜，可见冬季会冷到冰点。夏天呢？几乎每天下午都会下场西北雨，雷雨过后，暑气全消。即使没下西北雨，到了晚上温度也会下降，在院子里乘一会儿凉，就能安然入睡，少有热得睡不着的情形。

另一项显著的气象变化是，台北不再有雾了。小时候夏天的早晨常起大雾，浓的时候，早会时看不清主席台上的校长。

所有的这些气象变化，都可能和植被减少有关。都市几乎被水泥盖住，水汽难以蒸发。野地和山坡地遭到开垦，因而树木愈来愈少。结果气候变热了，雨水变少了，许多年轻人已不知道大雾是什么样子了。

热岛效应

城市的年均气温高于郊区一摄氏度，或更高。到了夏季，甚至高出郊区六摄氏度以上！这种现象称为热岛效应。热岛效应的成因，主要是地面被柏油路和建筑物覆盖，较容易吸收太阳辐射。人们排放的热源，也是温度升高的因素之一。林立的大厦，使城市的风速减低，影响散热。其次，车辆排放的二氧化碳，造成温室效应，使情况进一步恶化。

砍伐植被，改变了气象，平地已很少有雾。
图为日月潭晨景，薄雾为山峦披上一层轻纱。
作者摄。

杜鹃

“春神来了怎知道，梅花黄莺来报告”，这是江南情景。对我来说，改成“杜鹃木棉来报告”，就再恰当不过了。

在台北居住了五十几年，活动范围都在南区。每当台大校园杜鹃开放，就有一种复杂的情绪涌上心头。花开花落，年复一年，杜鹃花依旧，我却两鬓斑白了。

台大人常说：走过木棉道，来到杜鹃城。台大的杜鹃三月中旬盛开，红、白、紫花纷陈，形成一丛丛花海。除了校方举办“杜鹃花节”，附近民众也会前往赏花。我不是台大人，但每到花季，必定到台大报到，这已成为习惯。

杜鹃花的大本营是中国西南，全世界约850种，西南地区就有六百多种，在云南山区，有些地方杜鹃花海甚至绵延十几千米呢！

唐人尚牡丹，但白居易独爱杜鹃，他说，“花中此物似西施，芙蓉芍药皆嫫母”。嫫母是指古时的丑女，他偏爱得未免太过分了。

杜鹃花与杜鹃鸟

杜鹃花与杜鹃鸟有关系吗？相传蜀王杜宇（望帝）被迫禅位，自己隐居山林，死后化为杜鹃鸟，啼声凄恻，甚至啼出血来，洒在花上，化为杜鹃花。文人反复引用这个典故，于是杜鹃就有丰富的象征意义。杜鹃鸟，又称子规，俗称布谷鸟，春季总是“布谷、布谷”地叫个不停，杜鹃花也在这时开花，难怪文人会把两者联想在一起了。例如李白《宣城见杜鹃花》：“蜀地曾闻子规鸟，宣城还见杜鹃花。一叫一回肠一断，三春三月忆三巴。”

台湾野生杜鹃计 14 种，其中玉山杜鹃分布最高，花色、姿态最美，
常与玉山圆柏混生，有时开满整座山坡，蔚为奇观。
傅金福摄。

牵牛花

牵牛花总是清晨开花，一到中午就凋萎了，所以日本人给它起了一个颇富诗意的名称——朝颜。

偶尔我会早起，到附近的河堤散步。这时太阳才刚越过远山，野地里牵牛花盛开，在晨曦照映下，花朵上的露水像天上的繁星一般，闪耀着清晨的容颜。

牵牛花是一种野花，很少有人刻意种在家里。然而名伶梅兰芳却喜欢种牵牛，每到花期，就约请北京的文艺界朋友前往观赏。抗战时，北京被日本人占领，梅兰芳移居上海，闭门谢客。羁留北京的齐白石在一幅牵牛花上题道："种得牵牛如碗大，三年无梦到梅家"，既写时局，又写对故友的思念，一语双关，的确是好诗。

牵牛花的种子称为"牵牛子"，是一种中药，据说具有泻药的功能。

矮牵牛

矮牵牛属茄科，牵牛花属旋花科，两者没有亲缘关系，也就是说，矮牵牛并非矮种的牵牛花。矮牵牛原产南美洲，经过杂交，已育成无数品种。花色艳丽缤纷，有白、蓝、粉红、黄、紫红、橙等色，甚至有双色的。花瓣有单瓣、重瓣或半重瓣之分，有些花瓣边缘有波浪纹边缘。花期自秋初至翌年春末。一般以种生繁殖，是一种很容易种植的草花。

清·恽寿平《设色花卉册》，康熙二十五年（一六八六年）作。此册共八开，此为其中一开。恽氏善画花鸟，以没骨画法著称。

松球

内人出差，带回一些松球，我们把它摆在圣诞树上，年节的意味更浓了。

松球其实是松树的果实。既然是果实，总得由花形成，可是怎么没看过松树开花？松树会开花的，不过花不明显，没有花瓣，所以叫做隐花植物。相对的，花朵明显的植物，就叫做显花植物或开花植物。

当松树开过花，结成松球，种子在松球里发育。松树的果实——也就是松球，要两三年才能发育成熟，这时松球的鳞片裂开，每片鳞片上都有一颗带有翅膀的种子。这些种子不包在果实内，而是裸露在松球的鳞片上，所以称为“裸子植物”；相对来说，种子包在果实内的，就叫做被子植物。

裸子植物包括苏铁、银杏、松、杉、桧、柏等，总共不到一千种，被子植物有二十来万种，我们平时所看到的植物，绝大多数都是被子植物。

松子

韩剧《大长今》里有“松子茶”，是用花生、核桃、松子、栗子（或薏仁）等量磨成粉，以开水冲泡而成，据说可以美容养颜。松子、核桃各100克，加蜂蜜250克熬炼，可制成核桃膏。炒熟的松子加麦芽糖即成松子软糖，DIY绝对不成问题。松子可用于烹调，调理成各种菜肴。松子也用于西餐，意大利面就常撒松子。

松、杉、桧、柏皆属于裸子植物。
图为温哥华的道格拉斯杉，
当地温带雨林代表树种，
以树形高大著称。
作者摄。

圣诞红和九重葛

冬天的时候，有两种花最具喜气，一种是圣诞红，另一种是九重葛。

每到十二月或元月，公寓的阳台上，处处都有艳红的圣诞红和花色紫红、桃红或深红的九重葛探出头来，像是提前为各户人家贴上春联，使春的暖意提前来到人间。

说来真巧，圣诞红和九重葛的观赏部位，都不是它们的花瓣，而是苞叶。它们的花瓣退化了，只有花蕊较为明显。特别是圣诞红，即使您不懂得植物学，相信也能看出它们的“花”其实是叶子吧。俗语说：“牡丹虽好，还需绿叶扶持。”对这两种花，这话就不准确了，因为它们的“花”，根本就是“叶”嘛。

更凑巧的是，圣诞红和九重葛都原产南美洲，但前者属于大戟科，后者属于紫茉莉科，两者并没有亲缘关系。

无名氏的《圣诞红》

无名氏（卜乃夫）20 世纪 40 年代成名，之后销声匿迹三十多年，1982 年移居香港，翌年到台湾。在港期间出版过一本短篇小说集《圣诞红》，我的香港朋友张慧真买了一本，特请无名氏签名，用航空邮寄给我。《圣诞红》可归类伤痕文学，但远较一般伤痕文学深刻。无名氏早期的短篇小说饱含时代印记，到了《圣诞红》已内敛很多。

无名氏离开大陆后的第一本短篇小说集《圣诞红》，
山河出版社（香港），1982 年 12 月出版。
此为初版封面书影。

猪笼草

去年秋天，我到假日花市买了一盆猪笼草，每片叶子的末端都挂着一个小笼子，可爱极了。到了冬天，笼子变枯变干，我把那些干枯的小笼子剪下来，做成标本送给朋友，大家都喜欢得不得了。

今年夏天，新长出的叶片，末端又开始膨大，但只有三片叶子真正长出小笼子，其他的不久就萎缩了。为什么？这要靠实验，不容易找出答案。

猪笼草大约有八十种，产在马来西亚、婆罗洲、苏门答腊和澳洲。澳洲有一种猪笼草，它的笼子直径达十二厘米，长达三十五厘米，连青蛙和小老鼠都可以掉进去！

寒舍的那棵猪笼草，曾捕过蚂蚁、蜜蜂和小蟑螂。每次下过雨，我都会把淌进笼子里的雨水倒出来，看看有什么东西掉进去。或许是我观察得太勤了，使得它因为营养不良而长不出新的笼子吧？

食虫植物

全世界的食虫植物约430种，可归纳成毛毡苔、猪笼草、瓶子草、狸藻等四大类，大多生活在贫瘠地区。植物所需的碳，可经由光合作用自空气中取得，但是氮和矿物质，须自土壤中吸收。因此，食虫植物是一种生存上的适应，也就是经由演化，叶子进化成捕虫叶，利用捕食昆虫等小动物，来补充土壤中所缺少的氮和矿物质。

从花市买回的猪笼草，

挂在家中一段时间，有些叶子已经斑驳。

上右方为舍下猫咪。

作者摄。

丝瓜

寒舍朝北，有个小院子。靠墙的一面，有条宽约三十厘米的花台，里面种着一株桂花、一株使君子。

好几年前，我就一心想种丝瓜，从此每年清明前后，都会买些丝瓜苗来种。丝瓜喜欢大太阳，寒舍的小院子几乎照不到阳光，种了几次，都还没攀过墙头就凋萎了。

去年，我将桂花和使君子修剪了一番，又找人将雨棚换成透明的，结果四月种下的丝瓜，六月下旬就有一棵攀过墙头，正期待着它开花结果，一场台风使所有的努力化为泡影。今年我还要再试，相信总有一年会成功。胡适不是说过“要怎么收获，先那么栽”吗？

对我来说，丝瓜与其说是蔬菜，不如说是花卉。我喜欢丝瓜浓绿硕大的叶子和嫩黄的大型花朵，如果寒舍墙头上爬满丝瓜，那该多么富有生气啊！

丝瓜露

植物因蒸散作用，从根部吸收的水分，经由维管束，源源不断地向上输送。入秋时将已结过瓜的老蔓离地三十厘米左右切断，插进瓶中，到第二天清晨，就可收集到若干丝瓜露。收集的丝瓜露为免变质，最好置入冰箱。丝瓜露是一种天然的化妆水，用来敷脸，据说可以养颜、抗老、美白，饮用据说可以清热解毒。

丝瓜。

Francisco Manuel Blanco 作 *Flora de Filipinas*

（《菲律宾植物志》）插图，1880–1883 年出版。

德文版维基百科提供。

野菜

不知从什么时候起，人们开始流行吃野菜。有一天，春雨过后，我和内人到附近的野地里采野菜。刚走上河堤，就看到四五个阿姨，手上各拿着一个大塑料袋，边走边采路边的山茼蒿。他们起得早，都已满载而归。那天，我们采了龙葵、苦贾菜和山茼蒿，各装满一塑料袋。

春季三四月间，正是采野菜的好时节。一到夏天，就只能采枝梢的嫩芽。野菜既新鲜，又没有农药，只要调理得法，保证不亚于任何一种园蔬。

那天中午，我们吃了一顿野菜大餐。我和内人固然大快朵颐，没想到两个新新人类也连说好吃。顷刻间，吃得盘干碗净。

日据末期，粮食严重不足，日本人编过一本《台湾野生食用植物》，倡导用野菜“救荒”。我曾经有过这本书，现已不知哪里去了。

野菜？野菜？

中日两国虽然都用汉字，但语意不尽相同。举例来说，日本人称蔬菜为“野菜”，字面一样，字义却不相同。类似的例子甚多，例如：“大丈夫”是没问题的意思，“法螺”是吹牛的意思，“床”是地板的意思，“老婆”是老太婆的意思，“调度”是用具的意思，“出头”是检举的意思，“男装”是女扮男装的意思……有本《小心！日语单字的陷阱》，教人学日文不能望文生义。

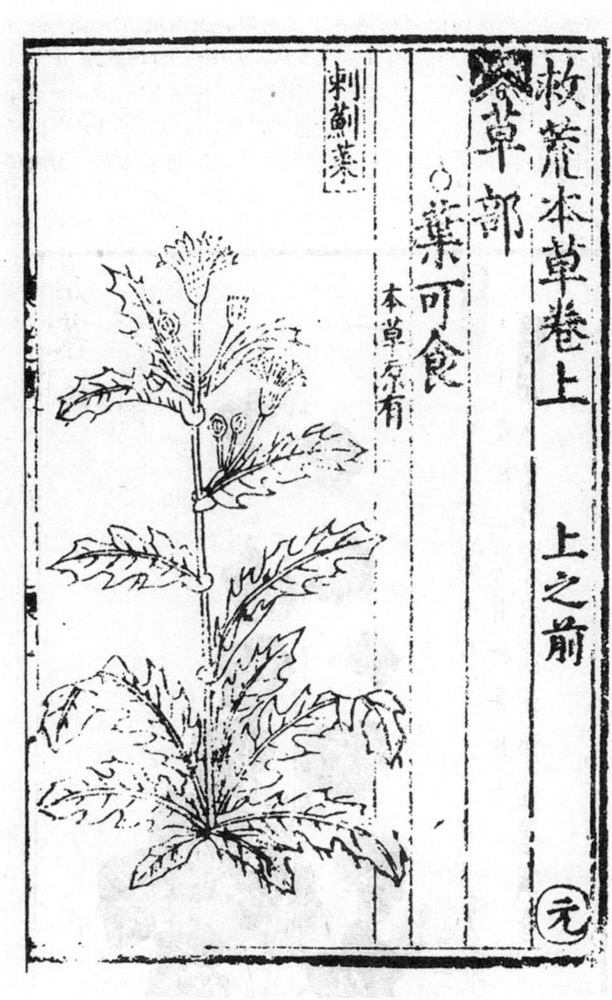

在北方，饥荒通常发生在春季，而春季正是野菜繁生季节。明皇室周王朱橚，所著《救荒本草》（一四零六）收野菜四百余种，为历代研究野生食用植物代表作。图为其刺蓟菜条书影。

菊花

在中国，花卉经常和文学连在一起。一谈起菊花，马上使人想起陶渊明的“采菊东篱下，悠然见南山”，那是一种自然、闲适的感觉。接下来或许会想起李清照的“帘卷西风，人比黄花瘦”，那是一种闺秀情怀的千古绝唱。

或许因为陶渊明爱菊，所以周敦颐说：“菊，花之隐逸者也。”从此菊花便和隐逸连在一起。事实上，被文人比作隐逸的菊花，是指花朵很小、颜色正黄的品种，《群芳谱》中称之为“真菊”。真菊，叶疏花小，迎着萧瑟的秋风，楚楚可人，当真有山林隐逸的品位。

唐、宋以后，菊花的品种愈来愈多。宋人刘蒙的《菊谱》，著录36种。明人王象晋的《群芳谱》，著录275种。现在呢？可能已超过3000种。有些品种华贵艳丽，已经完全没有隐逸的味道了。

菊花与刀

第二次大战期间，美国政府为了解日本，延请人类学家从事民族学研究，其中以鲁斯·本尼迪克特的《菊花与刀》（一九四六）最为知名。鲁斯·本尼迪克特指出，每个民族都可找出其共同点。日本人一方面如菊花般幽雅、祥和，一方面如武士道般躁进、狂暴。总之，日本人一直在种种矛盾性格中徘徊。

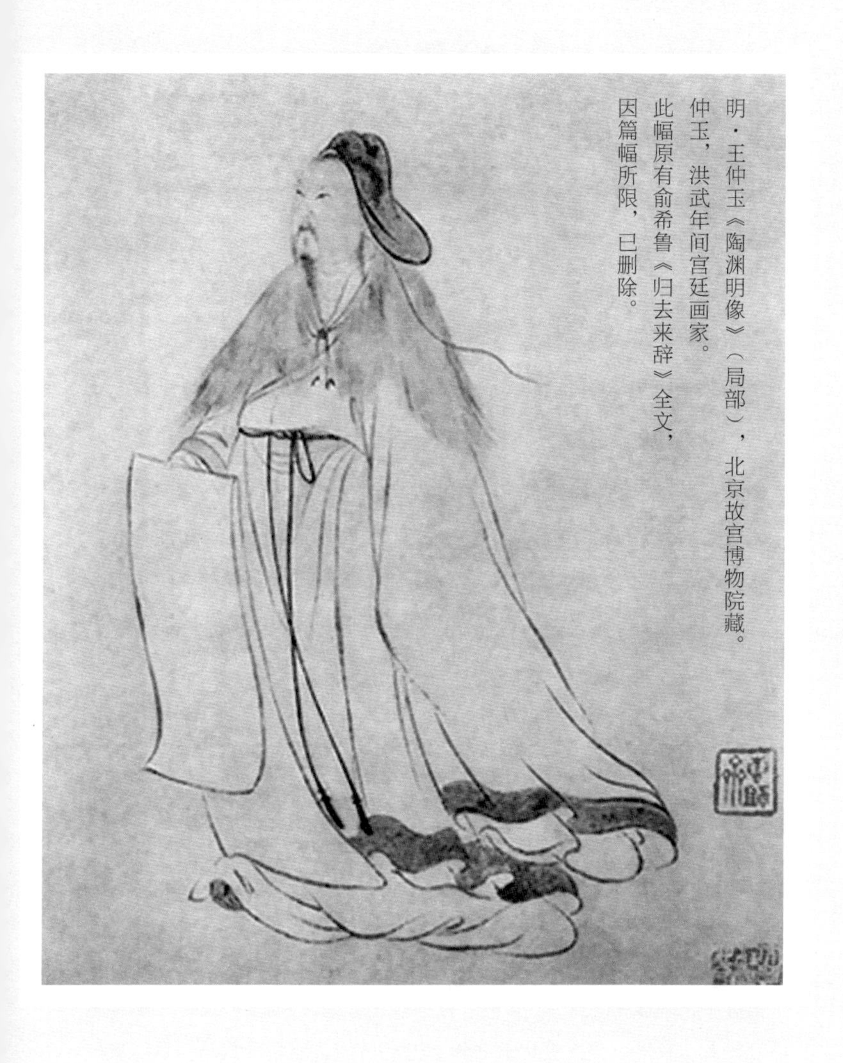

明·王仲玉《陶渊明像》（局部），北京故宫博物院藏。仲玉，洪武年间宫廷画家。此幅原有俞希鲁《归去来辞》全文，因篇幅所限，已删除。

金银花

金银花是一种野花，从前野外很容易看到，现在已难得一见。

记得小时候，我们家和左右邻家用竹篱笆隔开，为了保留点隐私，决定种些蔓藤植物。种什么好呢？我想到了金银花。出门不到十分钟，就拔回来一大把金银花蔓藤，经过扦插，约半年后，就爬成一片绿色的帷幕，把我们家和左邻右舍完全隔开了。

金银花刚开的时候呈白色，一两天后变成黄色，新花和旧花掺杂在一起，有白有黄，所以叫做金银花。清代的蔡淳作有咏金银花诗："金银赚尽世人忙，花发金银满架香。蜂蝶纷纷成队过，始知物态也炎凉。"以花喻人，耐人寻味。

金银花属忍冬科，原产中国和日本，其花晒干后是一种重要的中药，具有消炎作用，据说中药方剂三分之一有这味药。

金银花露

清代·赵学敏《本草纲目拾遗》记载金银花露。其实金银花露制法简单：以金银花 0.05 千克，加水 500 毫升，浸泡半小时，然后先用猛火、后用小火煎煮十五分钟，倒出药汁。再加水熬煎，取二煎、三煎药汁，冷后一并盛入瓶内，置于冰箱备用。饮用时加冰糖和少许橘皮，味甜清香，可作为夏令常服的保健饮料。

一种金银花。此图源自 *Flora von Deutschland*（《德国植物志》），一八八五。德文版维基百科提供。

菅茅花

《诗经·小雅》有一篇《白华》，诗人借菅茅花起兴，感伤自己像野草般任人弃置。许丙丁可能取其诗意，作成闽南话歌曲《菅茅花》，相信许多人都能哼上一两句吧。

菅茅是一种野草，人们需要的时候就割来喂牛、盖茅草屋，不需要时就弃置不顾。作《白华》的诗人吟道："白华菅兮，白茅束兮；之子之远，俾我独兮。"试译成白话："菅茅开着白花，割来束扎成把，你要远行离去，把我孤独留下。"多么深沉的哀怨！多情遗恨，自古皆然。

菅茅是一类禾本科植物的通称，台湾最常见的是五节芒。到了秋天，山坡、河畔到处开出白茫茫一片，银白色的花序，随着秋风荡起银白色的波涛。在台湾，菅茅可能是最能代表秋意的一种植物了。

鲁班发明锯?

菅茅或白茅一类的茅草，叶片坚硬，叶缘有细齿，在茅草丛里活动时，必须穿长裤、长袖上衣，否则很容易被茅草割伤。传说鲁班就是因为被茅草割伤，从叶缘的细齿得到灵感，才发明锯子的。鲁班是木匠的祖师爷，将锯子、墨斗、曲尺、刨子等木工工具都推说是他发明的，并不足为奇。

近年来赏茅花渐渐受到重视，图为阳明山的菅茅花。
巫红霏摄。

莲雾

大陆朋友或外国朋友访台，回去以后大多会怀念台湾的水果，而在众多台湾水果中，最为人怀念的大概就是莲雾了。

莲雾柔嫩多汁，不容易外运，所以北方人多不认识。我曾将十几个莲雾带到北京，虽然一路小心翼翼，到了北京仍然没有一个完整无损。在我的北京朋友中，只有一位说他曾经在广州看过。后来我到了广州，发现广州的莲雾还是我们小时候吃的那种土莲雾——体型小、水分少，又有个大核，和现在的改良种比起来，简直不可同日而语。

莲雾属于桃金娘科，原产南洋。荷兰人占据台湾时，将莲雾从爪哇引入台湾，屈指数来，已将近有四百年的栽培历史。莲雾也可以当作观赏树，在寒舍附近，有户人家就种了一棵，每到六月，果实累累，好看极了。

荷兰人引进的水果

除了莲雾，荷兰人引进的水果还有杧果、西红柿、释迦等。杧果原产印度，明嘉靖年间自爪哇引进。康熙五十八年（一七一九），福建巡抚吕犹龙曾献皇帝台湾“番檨”。西红柿原产美洲，荷兰人引进作为观赏植物，日据时才普遍食用。释迦原产热带美洲，荷据时引入，起初称为番荔枝。菠萝是否由荷兰人引进尚待考证。

荷兰人占领台湾后，在现今台南一鲲身筑热兰遮城。

图为十七世纪初所绘〈大员图〉，

荷兰米德尔堡哲乌斯博物馆藏，作者不详，维基百科提供。

当时荷兰人称一鲲身为大员，有时亦泛称台湾。

图中有旗帜处为内城，前方长方形建筑为外城，左侧为街市。

猴头菇

有一年夏天到哈尔滨开会，在著名的秋林公司买了一包长白山特产——八珍之一的猴头菇。这是一种浅褐色的菇类，菇伞上长满细短的柔毛，看起来真有点猴头的样子呢！

秋林公司的店员并没有告诉我猴头菇的吃法，用它来炖鸡汤，整锅鸡都变苦了。后来从书上知道，先得用水把苦味泡掉，但泡过水后，连鲜味也都没了。

多年前，为了做节目，我访问过掌故大家唐鲁孙先生，请他谈谈“八珍”。唐先生见多识广，谈起来如数家珍。我也根据录音写了一篇文章在报上发表。记得那次访谈，唐先生说：“八珍取其稀奇，并不见得好吃。真正好吃的还是寻常的家畜、园蔬。”以我领教过的猴头菇来说，唐先生的话的确有几分道理。

猴头

八珍有多种说法，其中一种包括猴头。关于猴头，一说是猴头菇，一说是猴子的头。《本草纲目》：“异物志言，南方以猕猴头为鲜。临海志言，粤人喜啖猴头羹。”《异物志》是汉族人杨孚所著，可见广东吃猴脑的习俗相当久远。据清人薛福成的《庸盦笔记》，吃法如下：“预选俊猴被以绣衣，凿圆孔于方桌，以猴首入桌中，而挂之以木，使不得出。然后以刀剃其毛，狠剖其皮，猴叫号声甚哀，亟以热汤灌其顶，以铁锤破其头骨，诸客各以银勺入猴首中，探脑嚼之，每客所吸不过一两勺而已。”这样的“珍”，不吃也罢。

1993 年游内蒙古锡林郭勒草原，
途中采到口蘑，请司机的女儿当模特儿，拍下这张照片。
作者摄。

桃花和迎春

最近到住在山上的一位朋友家做客，庭园中的樱花开了，桃花、梅花也吐露蓓蕾，令人不期然地觉得春天的脚步近了。

自大陆开放探亲，我几乎每年四月都会去一次北京，除了办事，就是观赏北方特有的春景。我最喜欢北京的桃花和迎春花。每到四月初，艳红的桃花和嫩黄的迎春花开遍北京的各个角落，美不胜收。

这两种花，都是先开花后长叶，而且花朵的密度惊人，盛开的时候根本就看不到枝干。桃花枝枝向上，迎春花画着弧线柔婉地下垂。刚性的红色线条和柔性的黄色线条交织着、呼应着，像一幅幅后现代主义的抽象画，只用线条和颜色就说明了一切——说明了春的真正含义。

画家罕画桃花

历代画家极少画桃花，画的话也都是作为衬景，在远处的一片树干上，染上些桃红色了事，很少像画梅花般，画出它的“特写”。这可能有两项原因：其一，桃花具有冶艳、轻佻等意象，中国人感情内敛，自然不喜欢画它。其二，桃花开得太密，国画的技法无法将每一朵花画出。然而，中国人很喜欢画桃子，这当然和桃子的象征意义有关。

桃之夭夭，灼灼其华。

桃花盛开时花朵裹住枝干，状如火焰。

吴嘉玲摄。

灵芝草

大学三年级时，参加某一校际运动，在北海岸的金山活动中心过夜。第二天清晨，大伙儿到海边看日出，返回活动中心时，我独自穿过一片松树林，在雨后松软的沙土上，赫然发现几株紫得发亮、泛着宝光的灵芝，蕈伞上还长着鲜绿色的叶子！

蕈类怎会长出绿叶？我蹲下来仔细观察，看不出什么名堂。当我拔出一株时，才真相大白。原来刚长出的灵芝还没木质化，雨后的青草长得比灵芝更快，于是穿过伞柄，从蕈伞上冒出来，这就是灵芝“长叶”的原因。

后来读了一些杂书，才知道“长叶”的灵芝是芝中之宝。可惜当时不知这些典故，只知采回当标本。国画中所画的灵芝也常画着绿叶，看来灵芝“长叶”早已成为古人的“常识”，只是不知古人是否知道“长叶”的原委。

李时珍论灵芝

近年冒出许多生物技术公司，以产制“健康食品”为主，灵芝是热门项目之一。他们经常引用李时珍的《本草纲目》做宣传，其实引用的都是“集解”部分，也就是时珍引述各家的说法。在“集解”文末，时珍说出自己的话：“时珍尝疑芝乃腐朽余气所生，正如人生瘤赘，而古今皆以为瑞草，又云服食可仙，诚为迂谬。近读成式之言，始知先得我所欲言。”成式，指唐朝的段成式，著《酉阳杂俎》。

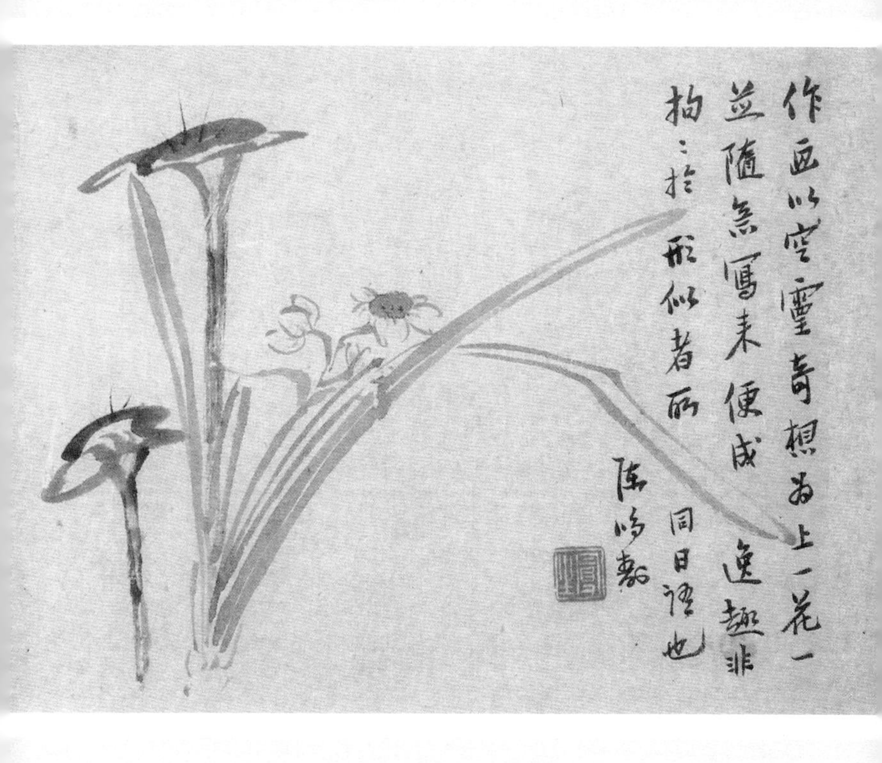

清·陈鸿寿花果图册《水仙》，嘉庆十五年（一八一〇）作。图册共十二开，此为其中一开，绘水仙及灵芝，灵芝上长叶。

夜鹭

傍晚在河边散步的时候，天上常传来“哇—哇—哇—”的粗哑的叫声。在低沉的暮色中，只见一只深灰色的大鸟，扇动着翅膀掠过空际。如果天色更晚，它们会化为一道模糊的黑影，像幽灵般为夜空增添一份动感。

这种大鸟就是夜鹭，它们常和牛背鹭、小白鹭栖息在同一片树林中，但因彼此作息时间不同，所以不会造成竞争。大自然就有这种奇妙的力量，可以将各种动物的需求区隔开来，使得大家都有生存空间。古人云：“天之大德曰生”，古人所说的“天”，其实就是大自然。大自然孕育了生命，并使大家各有所归。

然而，人类的活动却有意无意地破坏了大自然的安排，使得很多动物无家可归。我们会不会有一天连夜鹭都看不到了？我真的不敢保证。

台湾的鹭鸶

台湾的鹭科鸟类共10属、18种，陆地常见的种类，属留鸟的有牛背鹭、小白鹭、夜鹭，属候鸟的有苍鹭、大白鹭、中白鹭等。属留鸟的三种鹭鸶，常彼此混居，集体在竹林或树林筑巢，夏季所看到的鹭鸶，主要就是这三种。属候鸟的鹭科鸟类，大多初秋至翌年初夏出现。

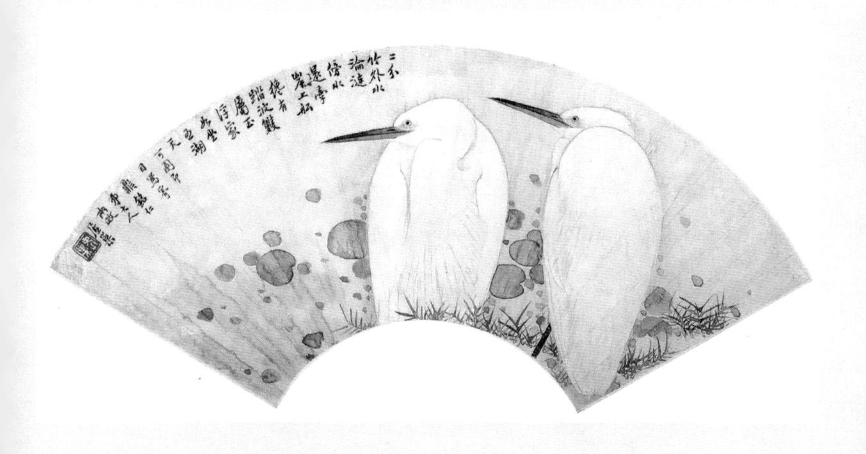

清·居巢花鸟扇册《双鹭图》，约作于道光末叶。明清不重写生，不易分辨物种。居巢，广东番禺（广州）人，与其弟居廉开岭南派先声。

白鹦鹉

穿过植物园，到教育电台上节目，一群凤头鹦鹉在树上喳喳喳地叫着，我不禁驻足片刻。这种头上长有羽冠的鹦鹉，原产澳洲和新几内亚，由于人们任意放养，竟成为落籍台湾的野鸟。

凤头鹦鹉，宠物店称为巴旦鹦鹉，古时称为白鹦鹉，唐太宗时才初次莅临中国。贞观五年，林邑国的使者来到长安，向唐太宗献上一只白鹦鹉。到了冬天，这只白鹦鹉连连对唐太宗说："冷啊！冷啊！"唐太宗心想：白鹦鹉是南方禽鸟，自然不能习惯北方的气候，就把那只聪明的白鹦鹉交还使者，送回本国去了。这件事记载在新旧《唐书》上，是很有名的一个掌故。

其实，鹦鹉虽会学舌，但并不知道它说的话的意思。这样看来，唐太宗八成上当了。可能是有位宫女特别怕冷，常说："冷啊！冷啊！"那只鹦鹉无意中把这句口头禅学会了。

雪衣娘

据唐代·郑处诲《明皇杂录》等记载，杨贵妃养过一只白鹦鹉，取名"雪衣娘"。这只鹦鹉聪明无比，据说教它时人作的诗，几遍就可记住。这还不算，唐明皇在宫里下棋，如果落了下风，"左右呼雪衣娘，必飞入局中鼓舞，以乱其行列，或啄嫔御及诸王手，使不能争道"。中唐画家周昉作"白鹦鹉践双陆图"，即描绘此事。后来雪衣娘被鹰啄死，杨贵妃伤心不已，葬于御苑，人称"鹦鹉冢"。

清·胡湄《鹦鹉戏蝶图》，嘉庆十四年（一八〇九）作，所绘即白鹦鹉。
胡湄，号晚山，浙江平湖人。

樱花钩吻鲑

在几万年前的冰河时期，南方的气候也相当冷，一些寒带生物就向南迁移，有些迁到台湾，或更南的地方。当冰河消退，气候转暖，这些寒带生物大多在南方消失，但有少数却残存下来，成为冰河时期的见证者。大甲溪上游的樱花钩吻鲑就是个好例子。

樱花钩吻鲑生活的大甲溪上游，也就是武陵农场一带，即使是夏天，溪水也冷得沁骨。有一年夏天，我到武陵农场一带去观察这种国宝级的鱼类。脱了鞋子，涉水不到三分钟，就冻得两脚发痛。正是这种得天独厚的环境，才使这些冰河时期的北方移民，奇迹似的出现在南方的台湾！

这项奇迹直到1917年，才被日本著名动物学家大岛正满于无意中发现。

日籍动物学家

清代台湾日据时期曾有不少日本动物学家前来台湾做调查研究，成绩相当可观，其中较重要的有：多田纲辅、菊池米太郎、松村松年、素木得一、大岛正满、黑田长礼、楚南仁博、堀川安市、青木文一郎、江崎悌三等。可惜日本人并未培植本地人才，所以光复早期的各级生物学教师，全都借助内地人士。

大甲溪上游、七家湾溪的樱花钩吻鲑，kaedium 摄，维基百科提供。
老照片为日据时在大甲溪上游挽弓射樱花钩吻鲑的高山族人。
取自 1935 年刊《台湾蕃界展望》。

又见游鱼

我小时候，景美溪的鲫鱼特别多。那时我们要钓溪哥，就到新店溪；要钓鲫鱼，就到景美溪。我曾有一个上午钓到二十条鲫鱼的纪录！

随着所谓的“开发”，景美溪的鱼愈来愈少。大约二十多年前，就已变成一川污水，什么鱼都没有了。如今大概是环保较从前严格，也可能是很多工厂搬到大陆去了，这几年景美溪又有鱼了！

在景美桥上，我看到成群的游鱼，下到河边近看，虽然是些耐污染的吴郭鱼，也令人兴奋不已。后来又在宝桥上看到鲤鱼，而且数量相当多。有了鲤鱼，大概也有鲫鱼了吧？这条河又活过来了。

我曾对台湾的环保彻底悲观，景美溪的例子使我又乐观起来。只要大家都有一点环保意识，相信我们的环境一定可以得到改善。

吴郭鱼

1943年，高雄人郭启彰被日军征调到新加坡，军方借重他的养鱼经验，分发到养鱼场饲养一种原产东非的鱼类，他觉得这种鱼适合台湾。1946年，在等待遣返时，遇到同营的吴振辉，吴也养过这种鱼，也认为适合台湾。他们潜入养殖场，脱下内衣当渔网，捞取若干鱼苗，途中以有限的饮用水，为鱼苗换水，回到台湾时只剩十三条了。1948年，高雄县长毛振寰以二人姓氏命名，因吴较郭年长，取名“吴郭鱼”。在大陆，此鱼称为非洲鲫鱼。

吴郭鱼原产自东非。
图为捕自依索匹亚（Lake Hora, Debre Zeyit）的一种野生种，应与吴郭二氏引进者相近。
Niall Grotty 摄，维基百科提供。

谈蟋蟀

一天晚饭后和内人到河畔散步，在一盏路灯下，有好几十只蟋蟀在地上跳来跳去。蟋蟀平时都躲在草丛中，这天怎么一起跑了出来？饶是我有点生物学知识，一时也想不出答案。顺手抓了两只，放在寒舍的小院子里。从那天起，一到晚上就听到唧、唧、唧的叫声。

蟋蟀鸣叫是为了求偶。当公蟋蟀摩擦双翅发生唧、唧的叫声时，不会鸣叫的母蟋蟀就被吸引过来。蟋蟀有好几种，叫声频率各有不同。母蟋蟀只对同种公蟋蟀的叫声有感应，对不同种的则无动于衷。

蟋蟀是最常见的一种鸣虫，所以从《诗经》起就成为文人雅士吟咏的对象。蟋蟀好斗，斗蟋蟀由来已久，南宋的奸相贾似道还写过一本有趣的小书《促织经》呢！促织是蟋蟀的一个别名。

促织的悲剧

《聊斋》卷四有一篇《促织》，是该书名篇之一。大意是说：明宣德年间，宫中盛行斗促织，责令地方进献。有位叫做成名的里正，不愿向下摊派，又无钱购买，只好自己去捉，但捉不到好的，几次被官府杖责，想一死了之，后得巫婆指引，捉到一只健壮的，不意于进献前被九岁的儿子不小心弄死。其子害怕父亲责打，投井自尽，救起后昏睡不醒。这时门外出现一只短小的促织，只好捕来充数。这只促织勇猛善斗，甚至可斗败公鸡。献给皇帝，各级官吏均受到奖赏，成名也因而发迹。一年多后，其子苏醒，说自己变成促织，轻捷善斗。

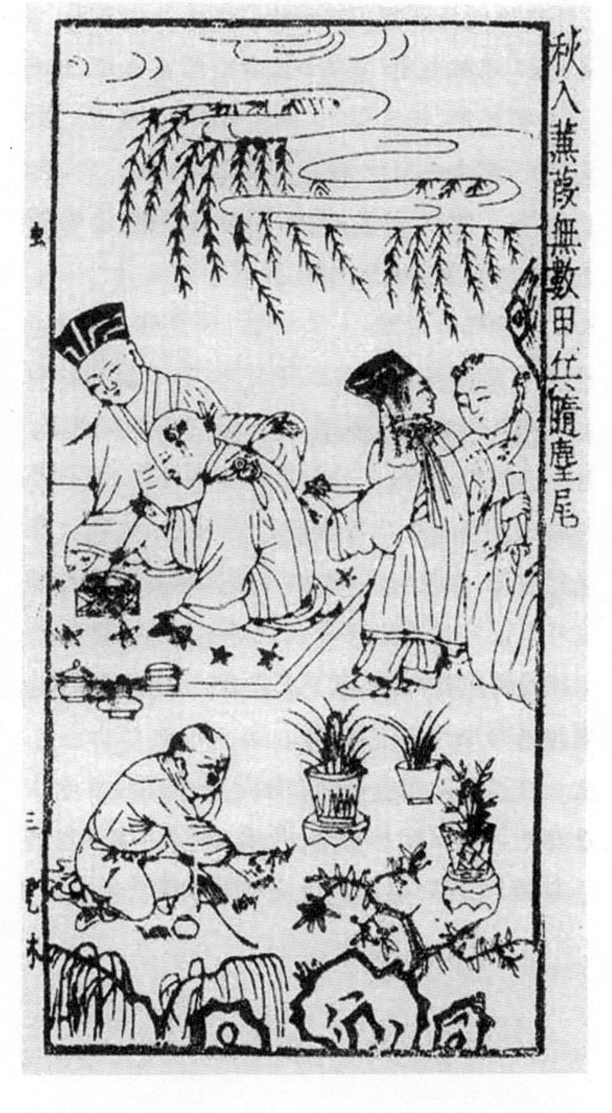

明刊本《虫经》插图。明代盛行斗蟋蟀，聊斋故事《促织》即以明宣宗时为背景。

萤火虫

晚饭后到河边散步，看到了久违的萤火虫。我们数着：一、二、三、四……总共发现七只，以当前的环境来说，已经很不容易了。

我们小时候，到了夏天，到处都可以看到萤火虫。即使是台北市闹区，也很容易看到。萤火虫闽南话称为“火金姑”，孩子们捕萤火虫时，喜欢这样唱：“火金姑，熠熠来，一仙给你买旺来。”一仙，即一分钱；旺来，即菠萝。

从前萤火虫那么多，现在怎么变少了呢？这是水污染的关系。萤火虫的幼虫分为陆栖及水栖两类，对环境极为敏感。当小溪或小池塘变成臭水沟，沼泽和湿地也遭到破坏或污染时，萤火虫当然就难得一见了。

萤火虫是诗人喜欢咏吟的对象，杜甫就有“巫山秋夜萤火飞，帘疏巧入落人衣”的诗句。萤火虫还可以照明，晋朝的车胤，小时候家贫，没钱买油点灯，就用萤火虫照明读书，这就是“囊萤夜读”的出处。

腐草化萤

科学未发达之前，任何民族都相信，生命可以由没有生命的东西变成。中国自古就有“腐草化萤”的说法，认为萤火虫是河边或水塘边的烂草变成的。明朝的郭登有一首咏萤火虫的诗：“腐朽如何不自量，化形飞起便悠扬。脐间只有些儿火，月下星前少放光。”意思是说：“萤火虫啊，你不过是腐草变化成的，怎能到处炫耀！”1864年，巴斯德的实验证实：生命必然来自生命，腐草化萤之类的说法才正式画下句点。

黑翅萤为台湾特有种，也是台湾数量最多的一种萤火虫。
幼虫陆栖，生活于湿地。
李钟旻摄。

外来生物

自从火蚁的消息传开后，外来生物入侵的新闻就持续不断。

外来生物早就不是新闻，举例来说，路树上常看到的鹦鹉，原先都是人们饲养的宠物，有人养腻了，随意放生，能适应本地环境的，就繁衍成野鸟。

最近在寒舍附近的溪流中发现了类似的情形。元旦那天很冷，但很晴朗。我和内人到溪边散步时，发现有很多鱼趴在岸边的浅水中，一动不动，有些背部都露出水面。它们在干什么？我马上意会到：在晒太阳。

起初我以为是吴郭鱼，低头细看，才认出是水族箱中养来清除青苔的琵琶鼠（垃圾鱼）。这种鱼原产南美洲，喜欢吃死尸、藻类、落叶、青苔等，对污染的耐受力特别强。在人们任意放养下，琵琶鼠竟成为这条河的优势种！

外来生物入侵，有时会扰乱本地的生态系统。寒舍附近的那条溪流，显然已受到干扰了。

十大外来入侵物种

2004 年 4 月，《联合报》连续报道外来物种入侵问题，台湾省决定针对十种入侵生物，建立监测防治机制，包括：小花蔓泽兰、布袋莲、缅甸小鼠、多线南蜥、红火蚁、福寿螺、松材线虫、梨木虱、苏铁白盾介壳虫、似壳菜蛤，希望予以监控。没列入"十大"的甚多，如河川中的琵琶鼠、泰国鳢、美国螯虾等，均已造成危害。

景美溪浅水中的琵琶鼠。
水中有包番茄酱，刚好可以作为尺寸指标。
作者摄。

台湾栾树

在台北县、市的行道树中，常见的落叶乔木有三种：木棉、小叶榄仁和台湾栾树。前两者来自域外，后者是台湾特有种。几十年前，台湾栾树平地难得一见，大二那年，我跟着助教到阳明山采集，才第一次看到它。这种美丽树种被广泛种植为行道树，不过是近一二十年的事。

台湾栾树的美，在于色彩变化。夏季，羽状复叶织成浓荫。秋季是它最缤纷的季节，和野外的芒草，同属秋的表征。在台北地区，到了9月，树冠顶端开出圆锥状的串串小黄花；进入10月，小黄花凋谢，结成三棱形蒴果，同一棵树，先开花处先结果，往往装点着绿叶、黄花、红果等三种颜色。11月，绿叶转黄，树冠罩上一片赭红。当寒风刮起，叶子落尽，只剩下零落的果实在光秃的枝干上摇颤。然而，一旦春神降临，顷刻长出橙红色的嫩芽，不久就形成一片新绿。

苦楝树

台湾栾树闽南话称为苦楝舅，大概是它们叶形相似且同为落叶乔木吧？事实上，台湾栾树属于无患子科，苦楝属于楝科，两者并没有亲缘关系。苦楝树分布中、日、韩、台湾等地，果实晒干，称为楝子，中医用作驱虫药。传说水中蛟龙惧怕楝树，古人以粽子投江祭屈原时，会用五彩丝裹上楝树叶，以免蛟龙窃食，见南朝梁吴均《续齐谐记》。

台湾栾树是台湾特有种，近一二十年才广植为行道树，秋季开出成串的黄色小花，随即长出赭红色果实。萧淑美摄。

大自然的角斗士

古罗马时代，盛行角斗表演。角斗有很多种，其中一种，角斗士一手拿钢叉，一手拿网子。两人对阵的时候，先投出网子网住对方，再用钢叉将对方叉死。这种残酷的表演，在欧美的古装电影中偶尔可以看到。

在大自然中，有一种蜘蛛会投出蜘蛛网，像角斗士般将猎物网住，所以叫作角斗士蜘蛛。平时角斗士蜘蛛用两条后腿吊在树枝上，用另几条腿抓住事先织好的网子，静悄悄地等着猎物上门。

当有昆虫在下面经过时，就迅速撑开网子，向下投去。猎物十拿九稳，被网个正着。我曾在电视片中看过角斗士蜘蛛捕食的画面，在慢动作镜头中，撒网、捕食的每一个动作都看得清清楚楚，精彩极了。

罗马角斗士

根据角斗士的装束和所用的武器，大致分成轻装和重装两类。重装角斗士头戴盔甲，臂套护臂，手持盾牌和短剑；轻装角斗士不戴盔甲，手持弯刀、盾牌，或钢叉、网兜。角斗时，通常轻装与重装成对厮杀。重装者不容易伤到头部和手部，但行动不如轻装者灵活。

德国画家 Jean-Léon Gérôme 作罗马竞技场角斗场景

（画题 Pollice Verso，作于 1872 年）。

法文版维基百科提供。

维基百科指出，画中角斗士之装具，并不符合史实。

水黾和红娘华

到某企业家的别墅做客，发现池塘中有一群水黾。这是一种半翅目的昆虫，其后脚又细又长，可以像船桨一般，在水面上划水。从前，几乎任何一个池塘都可以看到水黾，现在因为水质污染，在平地已难得一见了。

从水黾，我想到另一种半翅目的水生昆虫——红娘华。这是一种外形似蝎子的昆虫，所以英文名字叫做“水蝎”。它的第一对步足变大，像一对钳子，用来捕捉猎物。尾部有一根细长的呼吸管，可伸出水面呼吸空气。

从前，稻田中或任何小池塘中，都可以看到红娘华，现在似乎较水黾更为难得一见，我已许多年没看到这种行动缓慢的水生昆虫了。

半翅目

在外观上，半翅目昆虫最大的特征是：上翅前半部硬化成革质，后半部仍为膜质，看起来背部呈交叉的X形。除了水生的水黾和红娘华，大多称为“椿象”。具有臭腺，遇到危险会排放腥臭的体液，故北方人俗称“臭大姐”，中国台湾俗称“臭腥龟仔”。全世界有两万余种，中国台湾已知的有几百种。

一种水黾，Bruce J. Marlin 摄，英文版维基百科提供。

一种红娘华，Holger Gröschl 摄，德文版维基百科提供。

猫咪和白头翁

五月间的一天，一大早就被白头翁的聒噪声吵醒。寒舍位于郊区，白头翁前来造访不足为奇。但这天的情形极不寻常，从五点多吵到六点多，一刻也没停过。六点半左右，我下楼拿报纸。一开门，我们的猫咪就含着一只灰褐色的小鸟闪进门来，我立刻明白是怎么一回事了。

每年春夏之交，我们的猫咪都会咬死几只正在学飞的雏鸟。狩猎是猫的天性，所以我并没有责备猫咪。我把那只小白头翁从猫口里抢救出来，已经奄奄一息，过不多久就死了。然而，那对白头翁并没有忘记丧子之痛，直到我上班的时候，还在寒舍的墙头和电线上跳上跳下，不住地哀鸣。

接下去的两三天，那对白对翁一直在寒舍附近盘旋，而我们的猫咪却在小院子的藤椅上呼呼大睡，已经完全忘记它干的好事了。

小杀手

猫咪聪明乖巧，又带几分慵懒，让人格外疼爱。可是，您想得到吗？猫咪是个天生的小杀手。除了捕鼠，也捕兔、蛙、蜥蜴、蛇和鸟，总之，凡是比它小的动物都捕。探索（Discovery）频道曾经报道英国一户人家的猫，它捕到的动物都带回家，主人把那些猎物放进冰箱，一星期的猎获量竟然可以摆满一桌！我还看过一篇报道，每年惨遭猫吻的鸟类竟有数亿只（确切数已记不清）之多。

清·王武《松竹白头图》轴，北京故宫博物院藏。
王武，清初院画名家，此图作于康熙己巳（一六八九）。

蜉蝣幼虫

约五十年前，我们家从现在的台北市东区搬到新店。那时新店还是乡下，除了碧潭附近的一条小街，四处都是田野。大约搬家后的第一个星期天，我挖了几条蚯蚓，到碧潭下游钓鱼。水中鱼儿成群，但都不上钩。我正在纳闷，一位牧童牵着一只大水牛到河边喝水，他见我用蚯蚓作钓饵，就用闽南话对我说："钓溪哥要用水虫，你用蚯蚓是钓不到的。"他说着，从水中抓起一块石头，只见朝水底的一面，有好几只黑褐色、长有尾须的水生昆虫。牧童指着这种我从没见过的虫子对我说："这就是水虫，溪哥最喜欢吃水虫。"

从那天起，我学会用水虫钓鱼，每次都能满载而归。后来读了昆虫学，才知道水虫就是扁蜉蝣的幼虫。扁蜉蝣幼虫对水污染特别敏感，所以当年我钓鱼的地方已经见不到它们了。

环境指标生物

水生昆虫常用来作为环境指标生物。举例来说，扁蜉蝣、石蚕、石蛉的幼虫即使在轻度污染的水里都不能生存，所以只要看到这些昆虫的幼虫，就知道水质没问题。轻度、中度污染时，可以看到水虿和其他类别的蜉蝣幼虫，严重污染时，水里就不会有任何昆虫了。

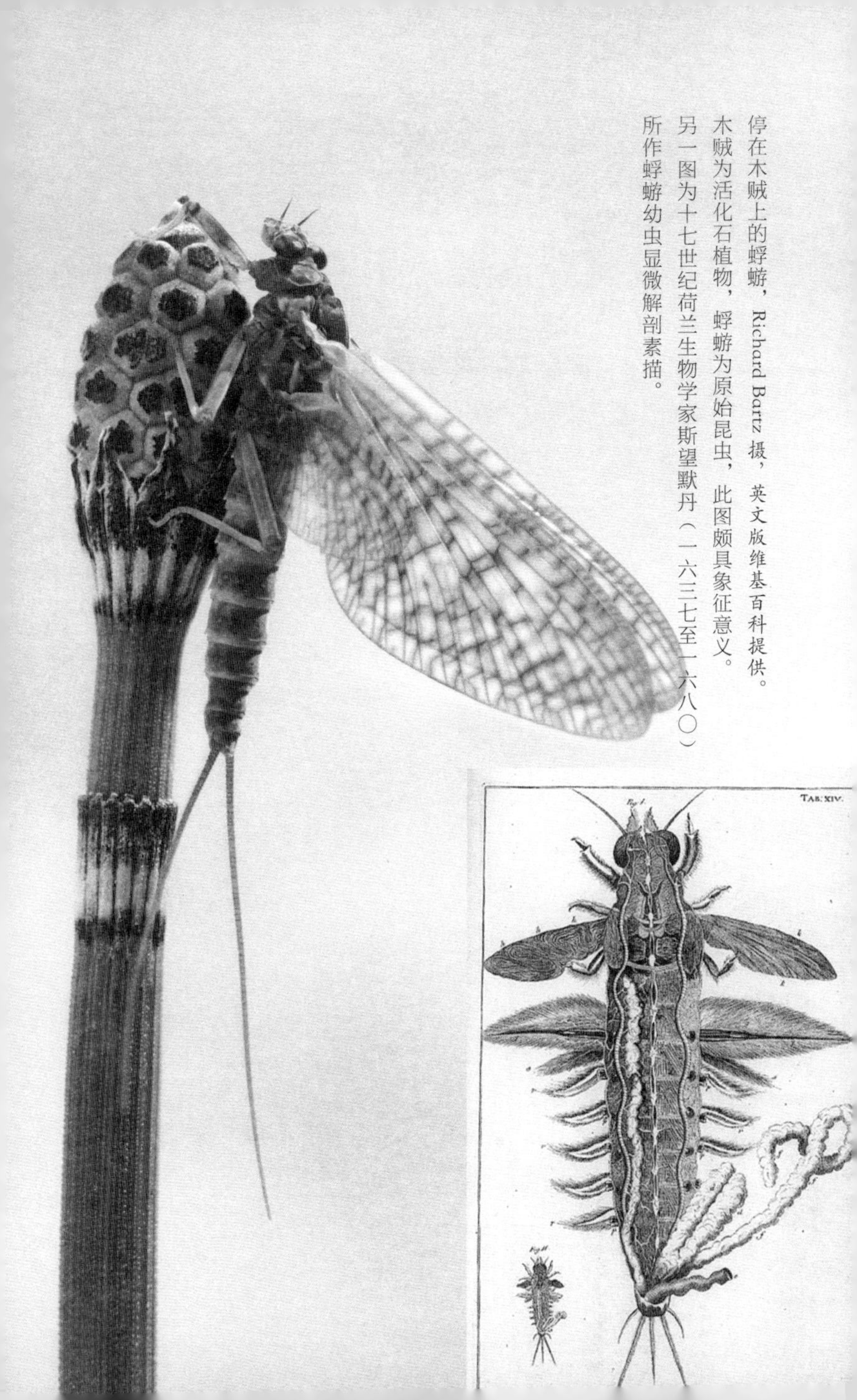

停在木贼上的蜉蝣，Richard Bartz 摄，英文版维基百科提供。木贼为活化石植物，蜉蝣为原始昆虫，此图颇具象征意义。另一图为十七世纪荷兰生物学家斯望默丹（一六三七至一六八〇）所作蜉蝣幼虫显微解剖素描。

蝉

最近我发现一个有趣的现象：到了夏天，在台北市较容易听到蝉儿的叫声；在台北郊区——像我居住和工作的新店，反而较不容易听到。这是为什么？要回答这个问题，得先了解蝉的生活史。

雌蝉交配后，将卵产在小树枝上，大约经过一个月，就可以孵化成幼虫。接下去，幼虫要落到地面，钻入土中，吸取植物根部的养分，经过一年或好几年，才能长大成熟，然后钻出地面，羽化为成虫。

在台北市，有许多机关、学校，或公园、安全岛，有足够裸露的地面，可以让蝉儿完成其生活史。而在台北市郊，裸露的地面少得可怜，蝉儿幼虫一旦落在地面，八成落在水泥地上，怎能完成它的生活史呢？

十七年蝉

一般的蝉，幼虫在土里生活一至五年，但美国东部的十七年蝉，幼虫却在地下生活十七年。它的英文名字 brood x，直译“孵化 X”，要等 X 年才孵化啊！最近一次孵化是 2004 年，下次就是 2021 年了。孵化发生时，数以亿万计的蝉倾巢而出，鸣声震天，排泄物落如雨下，这时人们出门都要打伞，在户外举行的婚礼、球赛和其他活动均被迫延期或改在室内。不过喧闹不出三个星期，新的一轮生命周期又开始了。

刚羽化的蝉，作者摄于南海学苑，时任职苑内之科学教育馆。
作者发现，就蝉而言，
台北市较四郊的卫星城多得多。

乌秋赶老鹰

台湾的经济是20世纪50年代中叶以后才开始快速发展的。如果我记得不错的话，1960年以前，在台北郊区，任何时候只要仰起头来，就一定可以看见在天际盘旋的老鹰。

老鹰抓小鸡的镜头，对很多人来说可能已很陌生，乌秋驱逐老鹰的事恐怕连听都没听过，就让我打开记忆的匣子，简略地叙述一下。

当老鹰盘旋着愈飞愈低时，叽叽喳喳的鸟儿立刻安静下来，一动也不敢动。这时很可能有一道黑影，像箭一般朝着老鹰直射过去。说时迟，那时快，老鹰还没来得及反应，就被乌秋啄个正着。有道是“一物降一物”，老鹰不敢反抗，只知疾速扇动着翅膀逃离现场。

乌秋紧追一阵，然后画着弧形，喳喳喳地飞回原处。一时百鸟齐鸣，像是为乌秋喝彩似的，鸟儿又欢畅地聒噪起来。

我爱乌秋

乌秋属卷尾科，正式名称是大卷尾。这种鸟不但会攻击比它们大的鸟，如老鹰和乌鸦，到了繁殖季节，甚至还会攻击人呢！我曾看过好几次花絮新闻，说乌秋俯冲啄人，民代接受选民投诉，要地方政府管管“鸟事”。李家同教授写过一篇散文“我爱乌秋”，其中有这么一段：“我注意这些鸟从不攻击女性，他们似乎最恨男孩子，尤其是小男孩，这些顽童一来，它们一定来攻击。”真有趣。

乌秋的正式名称为大卷尾，有三个亚种，最常见的为 *Dicrurus macrocercus cathoecus*。

Dr. Raju Kasambe 摄，英文版维基百科提供。

燕子

中国台湾常见的燕子有两种——家燕和赤腰燕，后者是留鸟与候鸟相对。

中国台湾的家燕入秋以后大多飞到菲律宾过冬，第二年春飞回台湾产卵、育幼。中国上的家燕大多飞到中南半岛过冬。日本的家燕经由东亚岛弧迁徙，中国台湾是迁徙的中转站。

在中国台湾北部，通常三月间就可以看到燕子的翩跹身影。记得小时候，春、夏两季到处可以看到筑巢的家燕和赤腰燕，有时许多燕子在同一处骑楼下筑巢，叽叽喳喳，热闹极了。

不记得从什么时候起，燕子渐渐少了，然而不知道为什么，如今燕子又多起来。特别是家燕，在我住的新店市，大街的骑楼下，隔不几步就可以看到一个燕子巢。筑巢的燕子怎么多起来？这个现象值得研究。

燕子和杨柳

燕子北归，正是杨柳新绿时刻。蹁跹轻扬的燕子，和轻柔的柳枝正是同一风韵。阵阵柳浪，临风潇洒，翩翩轻燕，拂掠其间，有时绕过树枝，像流星般飘落下来，有时在柳枝间穿梭往来，出没不定，有时映着水中倒影，忽隐忽现。这种大自然的巧妙配合，就成为诗词和国画常见的题材。

明·尤求《人物山水册》之一（共十二幅），
上海博物馆藏。
此幅绘仕女倚柳远思，燕子穿梭空际，一派江南春景。

鹭鸶潭

台翡翠水库兴建以前，上游有处峡谷，称为鹭鸶潭。它的宽度较碧潭窄，但两岸山峡耸峙，景色雄奇。

有一年春季，我们到鹭鸶潭划船。潭水绿得发蓝，两岸山峡壁立，岩石的纹理看上去有如国画的皴法。岩缝中长满了山杜鹃，这时正值花季，开得遍山嫣红。碧水、红花，将两岸山峡点缀活了。我们划着船在峡谷中回旋，颇有武陵人进入桃花源的感觉。

上大学时，我们喜欢到鹭鸶潭一带游泳、露营。那时鹭鸶潭还保持原始，没有船，也没有店家。我们都是夏季去的，所以无缘看到山杜鹃盛开的美景。长在岩缝中的山杜鹃，茎很矮，叶子很小，要不是花季，谁认得出它们啊！

翡翠水库建成后，鹭鸶潭没入水中，那些长在岩缝中的山杜鹃，大概只能留在回忆中了！

鹭鸶潭已经没有了

女作家季季写过一篇《鹭鸶潭已经没有了》，记述皇冠杂志为她在鹭鸶潭办结婚典礼的事，出席的有平鑫涛、琼瑶、朱西宁、刘慕沙、林怀民、司马中原、桑品载、段彩华、蔡文甫、魏子云等二十八人。她和新郎杨蔚在“一个白得最白绿得最绿的幽谷”喝交杯酒。然而，“一九八七年翡翠水库竣工，北势溪上游沉入库底。鹭鸶潭已经没有了。”道尽人与事的沧桑。

作者与长子摄于鹭鸶潭，
其时翡翠水库尚未兴建。
笔者读大学时，还没有图中的小舟。

猴子肉

我初中就读新店文山中学，下午三时许放学，常和同学到街上溜达。那时北新路还没开辟，阖新店只有一条市街。在市场（碧潭戏院楼下）附近，常看到一名中年汉子在卖猴子肉。小推车上铺块砧板，摆着血淋淋的猴子头和切下来的其他部位。砧板底下，用铁丝网围成笼子，里面有几只待宰的猴子；整体说来，和现今传统市场的鸡肉摊没什么两样，只是鸡不知道害怕，猴子们却吓得要死，有人靠近就不住地悲鸣。

我们都是下午去逛，市集早就散了，中年汉子只希望将剩余的猴子肉卖掉，我们从未见过宰杀猴子的场景。我曾问过那人，猴子从哪儿捉的，他指指碧潭方向，说是“后山”。有个星期日，家兄到市场买菜，亲眼看到那人宰杀猴子，家兄看不过去，回程时顺道到警察局“报案”，值日警察大笑，差点没把家兄轰出去。当时没有任何保护法令，杀猴子算得了什么！

恒河猴

我国有14种猴子，其中恒河猴（又称广西猴）分布最广，北至河北、山西，西至甘肃、西藏，南至两广、海南岛，大多数省份都有。在国外，分布印度、尼泊尔、中南半岛和马来西亚，可说是亚洲分布最广、数量最多的一种猴子。恒河猴和台湾猴都属于猕猴属，同属的日本雪猴，是猴类分布的北限。

台湾只产一种猴子，即台湾猕猴，一八六二年由著名博物学家郇和（Robert Swinhoe）订定学名。此图取自其原始论文。

春天的野花

谁说亚热带的台湾没有春神的脚步？如果您到野外踏青，就能体会到春的气息了。

冬末春初，通泉草蓝紫色的小花就绽放了，花朵虽小，但花期集中，数量又多，远望宛如点点繁星。有一年春，我到新店附近一处山谷远足，梯田的田埂上几乎全是通泉草，浓得像是为田埂镶上一道蓝紫色的花边。

到了清明前后，各种野花相继开放。叶子嫩黄、挑着一穗黄花的鼠曲草，又娇又柔，这是制作鼠曲糕的材料。兔儿菜、黄鹌菜的黄花，争着从草丛里冒出来，生怕被埋没了似的。开紫花的酢浆草，布满山野，显示出数大为美。昭和草的红色头状花序，总是含羞带怯地下垂。四时开花的咸丰草，似乎春季开得特别旺盛。春，是有生命力的季节啊！

鼠麴草的制法

将鼠麴草洗净，入沸水中煮过，冷后拧干、剁碎，放入锅内加油焙炒，炒干前加糖，盛起备用。将糯米、籼米按二比一的比例加水磨成浆，滤除水分，取一半加油煎熟，与另一半生粿块混合。加入鼠曲草搓匀，入蒸笼蒸熟。凉后可直接吃，也可包萝卜丝、红豆沙、绿豆沙等。

台湾春天最具代表性的野花——鼠麴草，叶子嫩黄、挑著一穗黄花，又娇又柔，是制作鼠麴糕的材料。郑元春摄。

大锦蛇

小时候就住在新店，现今车水马龙的街道，当时都是稻田。那时新店的蛇真多，最常见的是草花蛇和水蛇，有时也能看到大蛇，其中一幕，至今仍然历历如绘。

一年冬天，我和先父从外面回来，经过现今的十二张路，看到一群人站在已收割过的稻田里，闹哄哄的。走近一看，只见剃头铺老板用根麻绳牵着一条茶杯粗细、一丈多长的大锦蛇！麻绳不知是怎么勒在大蛇颈部的？

大锦蛇不听摆布，在地上翻滚挣扎。老板双手用劲，几个小伙子拖着蛇尾，想把它拉直，但总是拉不直。这时有人拿出杉木棍，一顿好打，大蛇终于不动了。老板拿出剃头刀，切开蛇颈，把皮剥下来。原来把蛇拉直是为了方便剥皮。

“最少可卖两百块钱！”旁观的人啧啧称羡。老板笑逐颜开，提着血淋淋的蛇皮回店里去了。

蟒蛇皮的用途

东亚地区的蟒蛇主要指锦蛇。蟒蛇皮可用来制革，大蛇不易得，加上环保意识高涨，用蟒蛇皮制的皮鞋、皮包现已不多见了。蟒蛇皮还有一项无可取代的用途，就是用来蒙胡琴和三弦。京胡的琴筒较小，还可以用其他的蛇皮，南胡及三弦琴筒较大，非用蟒蛇皮不可。刚蒙上的蛇皮绷得太紧，要拉上三五个月，音色才会好听。

波士顿所见，妇人携带其宠物蟒逛街。
吴嘉玲摄。

神木

有一次，几位朋友聚在一起谈论内地风光，大家公认：黄山天下奇，不能不前往一游。我同意他们的看法，但反问："在黄山，你们看过几十人才能合围的大树吗？"没有，的确没有。非但黄山没有，在我游历过的内地名山，没有一处有阿里山神木般的大树。

有一年夏天，我带着一位内地学者到复兴乡拉拉山神木谷看神木，直把他看得目瞪口呆，连说："这么大的树，内地从没看过！"

台湾高海拔山地气候湿冷，最适合桧木生长，台湾的"神木"绝大多数都是桧木。在湿冷的高山幽谷，面对着孔子周游列国时即已矗立山中的巨木，不能不为之动容。

台湾桧木的开发始自日据时代，直到近十几年才停止采伐。桧木中的扁柏，材质软硬适中，经久耐腐，是木材中的极品。红桧材质稍软，但也属一级木材。用桧木建造房屋，不需上漆，最能表现"水木清华"的质感。

台湾十大神木

台湾十大神木如下：大雪山神木（大安溪神木）、鹿林神木（新中横神木）、浴火凤凰神木（达观十八号神木）、眠月神木、观雾二号神木（桧山二号神木）、观雾一号神木（桧山一号神木）、司马库斯神木（巨人神木）、水库神木（水山神木）、樟树公神木（和社神木）、凌云神木（达观二十一号神木）。除了一棵是樟树，其余皆为红桧。

阿里山神木于1956年因雷殛成为枯木，1998年经人工“放倒”，置于原地作为纪念物。图中的阿里山神木摄于雷殛之前。小图为作者大二暑假期间往阿里山采集，几位同学和老师摄于阿里山神木下，左二为本书作者。

嗅觉的记忆

生理学和心理学都说，人类的各种感官，以嗅觉的记忆最为深刻。我有段经历，可以证明这个说法。

那是十多年前的事了，孟春时分到杭州开会，下榻毛泽东的别墅——汪庄。我们晚间入住，第二天一大早，就迫不及待地出去游逛。刚走出客房，忽地传来宛如女高音的鸣啭声，常识告诉我，那是黄莺。“柳浪闻莺”乃西湖八景之一，莫非让我碰到了！兴奋地寻声前行，绕过一棵大树，忽然嗅到一股香气，我脱口而出：“牡丹，是牡丹啊！”前行十几米，果然看到一丛盛开的牡丹！

我是在大陆出生的，稚龄时闻过牡丹的香气，但早已遗忘，没想到一阵突如其来的气味，竟然唤起四十多年前的记忆。嗅觉的记忆真的特别深刻。

调香师

酒厂聘有品酒师，用舌头就能品出酒的产地、年份、等级等信息。香水公司聘有调香师，用鼻子就能闻出香水中的成分。举例来说，一般人接触茉莉花，只能闻出茉莉花香，调香师却能闻出乙酸苯酯等多种与嗅觉有关的化合物。当然啦，调香师不只是闻香，主要工作是调制出特殊概念的香气。

法国香水公司 Parfumerie Fragonard, Grasse (Côte d'Azur France) 本部。
Markus Bernet 摄，德文版维基百科提供。

牡丹

小时候听大姐说，看过牡丹，其他的花就不必看了。两岸开放往来前，看牡丹只能到日本。奈良长谷寺的牡丹最为知名，据说是唐僖宗时由学僧从长安带回去的。我看过一本该寺的画册，照片中的牡丹叶子不够密，花型不够大，花瓣的重数不够多，看不出花王的气派。

一九八八年夏初次到访大陆，从北京买回一本牡丹画册，先父看了连连摇头，以鄙夷的口吻说："尽是些庄户（农家）牡丹！"后来在西湖看到盛大的牡丹展，这才知道，中国牡丹繁复多样，就像中国人般，不能用简单的话概括。

那次牡丹展，给我印象最深刻的，不是什么姚黄魏紫，而是一些花瓣只有两三重的淡雅品种，它们花型硕大开展，姿态娇嫩绝俗，宋代石延年的诗句"玉作冰肤罗作裳"，差可道其万一。

芍药

芍药和牡丹同科（毛莨科）、同属，两者花形相似，但前者草本，后者木本，所以唐代以前，牡丹称"木芍药"。古人将牡丹称为花王，芍药称为花相。其实，论色香韵，花相并不逊于花王，但花相是草本花，高不足一米，当然不如木本的花王雍容。在寓意上，花王象征富贵，花相象征别离，难怪古今画家喜欢画牡丹，很少画芍药。

北京景山公园的牡丹。
吉淑芝摄。

红棉

宋室南迁，画家开始画南方事物，兴起南宗绘画。但所谓的“南”，主要是指江南，闽粤等事物入画恐怕是岭南派兴起以后的事吧。

小时候我们村子住着两位画家，一男一女，他们都是广东人、都画花鸟、都在大学美术科系兼课。那时社会贫困，很少人花钱学画，他们总是免费指导我们。那位女画家喜欢画石斛兰、加德利亚兰和红棉，那时我没见过红棉，她说广东很多。

不知从哪年起，罗斯福路上种起木棉，也忘了从哪年起，每到清明前后就会吐露繁花。裸露的枝干和厚实、艳红的花朵，不就是女画家笔下的红棉吗？

木棉属木棉科，原产印度，经由中南半岛传入中国。从居家的新店到台北市区，一定经过罗斯福路，每当路上的木棉开花，就不由得惊觉到：一年又过去了！

黄道婆

草棉属锦葵科，原产非洲，传到中国较木棉晚得多。中国的纺织原料原来只有丝和麻，到了宋代，才传进木棉。木棉的纤维短，纺纱不能沿用丝、麻的办法。解决这个问题的关键人物，是元初的一名女子，称为黄道婆。可惜史书上对这位女科学家并没有留下多少记载。

可見津逮秘书 第三十冊
甲800
6678.1

中國工程发明史資料卡片

（叢書集成初編）

类别：傳記

書名	輟耕錄	著作人	陶宗儀	著作年代	元明之际 1366年	版本		卷数	24	頁数	354

黄道婆

閩廣多種木棉，紡績為布，名曰吉貝。松江府東去五十里許，曰烏泥涇，其地土田磽瘠，民食不給，因謀樹藝，以資生業，遂覓種於彼。初無踏車椎弓之製，率用手剖去子，綫弦竹弧置案间，振掉成劑，厥功甚艱。國初時，有一嫗名黄道婆者，自崖州来，乃教以做造捍彈紡織之具，至於錯紗配色，綜綫挈花，各有其法。以故織成被褥帶帨，其上折枝團鳳棋局字樣，粲然若寫。人既受教，競相作為，轉貨他郡，家既就殷。未幾嫗卒，莫不感恩洒泣而共葬之，又為立祠，歲时享之。越三十年，祠毁，鄉人趙愚軒重立。今祠復毁，無人為之創建。道婆之名日漸泯無聞矣。

搜集人：劉剑青　1965年6月17日

1977.9.8 校

黄道婆史料见陶宗仪《辍耕录》卷二十四，

图为1965年中国史学界收集史料的《中国工程发明史资料卡片》原始档。

麻雀的联想

中国虽有一套仁民爱物的思想，但因人口众多生活艰难，所以人与大自然的关系，并没有想象中那么和谐。举例来说，在中国，不论什么地方，鸟儿一见到人就逃之夭夭，尤其是生活在人类周遭的麻雀，更是精得像鬼一样。我曾做过实验，对着停在电线上的麻雀，只要用手一指，就会振翅逃逸。这是因为麻雀和人类长期共处，不够精的无法生存，经过几千年的淘汰，剩下的都是精的了。

然而，西方先进国家并非如此。多年前到德国洽公，在科隆大教堂附近的一处小吃摊，曾看到一群麻雀在人们脚边捡东西吃。在慕尼黑科技博物馆，我曾以标准镜头拍下麻雀的近照。麻雀不怕人，意味着德国人不残害麻雀已有悠久的历史了。

麻雀，麻将

麻将源自一种称为“马吊”的“叶子”（纸牌），上绘水浒人物，并有饼、索、万等符号。从纸牌变成方城之戏，可能始自清代中叶，起源地可能是宁波府一带。起初可能称为麻雀，大概是马吊的音转。宁波话麻雀与麻将同音，传到外地就变成麻将了。

麻将的前身——叶子，自左往右为饼、梭、万。万皆绘水浒人物。作者摄。

凤仙花

土产的凤仙花，又称指甲花，古时仕女用来染指甲。染的时候，把花捣烂，用明矾作媒染剂，敷在指甲上，隔一段时间就能染上。

上小学时，每班有块花圃，暑假过后，花圃里长满指甲花，老师要我们通通拔掉，可见这种“粗花”多么不值钱！忘了从哪年起，花店出现了非洲凤仙花；忘了从哪年起，过去随处可见的指甲花，竟然越来越少见了。

指甲花原产亚洲南部，植株较高，花朵较小，藏在叶下。非洲凤仙花原产东非，植株低矮，成丛生长，花形大而外露；论姿色，土产的的确不能和花繁叶茂的非洲凤仙花相比。这还不说，非洲凤仙花的繁殖力超强，难怪会成为优势种了。

去年我到石碇山区参加健行活动，在山路上走了一个多小时，沿路尽是五颜六色的非洲凤仙花，看来这种外来的花卉已快成为“入侵”植物了。

凤仙花 (touch-me-not)

凤仙花属于凤仙花科，有两属、五百余种，它们都有两个共同特征：其一，花朵下的萼片延长为长形的构造，里面存放花蜜，用来招引昆虫。其二，果实成熟时，一碰就会自动炸裂，弹出种子，所以英文叫做 touch-me-not。附带一提，矾松科的星辰花（矾松菊），英文叫做 forget-me-not，聊作谈助。

一种凤仙花。源自 Prof. Dr. Otto Wilhelm Thomé Flora von Deutschland, Österreich und der Schweiz 一八八五，Gera, Germany。荷文版维基百科提供。

竹的记忆

我小时候，台北附近的农村都不大，一个村子不过一二十户人家，村子外围都种着一圈刺竹，只有一个出入口，供人畜、牛车出入。刺竹长得又高又粗又密，恐怕连老鼠都钻不进去！清代台湾开拓时期“番害”（当时蔑称土著民族为“番”）械斗严重，种植刺竹，大概是先民留下的防卫习俗吧？

除了围绕村子的刺竹，荒郊野外到处都有竹子，大小粗细不一，种类繁多。因其唾手可得，穷人家只用得起竹器，当时我们家没有一件木器，从椅、凳到床、橱，都是竹子做的。

竹子也是孩童的最佳玩伴，可以用来制作鱼竿、哨子、水枪、气枪、竹蜻蜓、扑满、风筝等，数都数不完。吃竹子的笋龟，是一种大型象鼻虫，用火烤着吃，香气扑鼻，是孩童最爱的野味。还有，就是老师喜欢用细竹子抽人的大腿，一抽就是一道血痕，那滋味可不是时下小孩所能体会的。

板桥画竹

元代以后，“四君子”及“岁寒三友”之说逐渐普遍，画家几乎都会画竹，其中以清初的郑板桥成就最高。苏东坡画竹主张“胸有成竹”，板桥主张“胸无成竹”，他说：“浓淡疏密，短长肥瘦，随手写去，自尔成局。”要达到这种境界，必须善用水墨，潇洒自然，宛如水墨之舞。

清·郑板桥《墨竹横幅》，扬州博物馆藏。

自题：“画大幅竹，人以为难，吾以为易。”

板桥画竹，一笔见浓淡飞白，将竹竿质感表露无遗。

紫蝶幽谷

谈起蝴蝶谷，您可能马上想到陈维寿老师吧？一九七八年，我和陈老师发起成立赏蝶协会，那年冬天我们包了辆游览车，办过一次紫蝶幽谷赏蝶活动，曾经目睹数十万只紫斑蝶停栖一处的大自然奇景。

一九六九年前后，在山区寻觅蝶踪的陈老师发现了一个不寻常的现象：有个蝴蝶贩子，每年冬天都从屏东山地收购到上百万只蝴蝶！

当时台湾有数以千计的职业捕蝶人，他们把捕到的蝴蝶卖给蝴蝶商贩，再集中起来卖给蝴蝶工艺社。冬天怎么还有那么多蝴蝶？经由蝴蝶工艺社介绍，他见到那名蝴蝶商贩，叫施添丁，是个朴实的农民，为了害怕影响生计，施先生说什么都不肯说出内幕。

施先生不肯透露，陈老师就自己寻觅，到了一九七一年冬，陈老师终于揭开紫蝶幽谷的秘密。

咏黄蝶

一九七八年那次赏蝶活动，向导就是施添丁先生。陈老师找到紫蝶幽谷后，施先生就成为陈老师的“线民”。那天施先生送我一串从美浓黄蝶翠谷采到的黄蝶蝶蛹，一根二十几公分的小树枝上，挂着五十几个蝶蛹，密度高得难以想象。回到台北，作诗一首，连同那串蝶蛹送给一位友人。

君且暂为蛹，我亦栖天涯；

明年春三月，携手看黄花。

陈维寿于紫蝶幽谷，摄于 20 世纪 70 年代初。

陈氏为蝴蝶谷发现者。

猫熊

我在南京动物园看过猫熊，将猫熊称为熊猫，台湾也曾普遍这样称呼。杂文大家夏元瑜先生曾为文纠正此事，台湾现今普遍改称猫熊，夏老先生的呼吁功不可没。

猫熊当然不像猫，但它像不像熊？从前有人认为它和熊亲缘相近，有人认为它和浣熊亲缘相近，到底和谁较近，一直没有结论。现今和熊相近的说法已占上风，最有力的证据当然是DNA分析，其次是它们的生殖习性。

熊大多在冬眠时生产，刚生下来的小熊都很小，体重在0.2到0.5千克之间。这时母熊不吃不喝，全靠体内储存的养分哺育幼儿。如果小熊不这么小，冬眠的母熊就无法养活自己的宝宝了。

猫熊也是如此，刚生下的猫熊也是小不点儿，只有0.1到0.2千克。这种生殖上的相似性，不正说明猫熊和熊的关系相近吗？

谭卫道神父

猫熊的发现者，是著名的法国神父戴维（Jean Pierre Armand David）。他于1862年奉派来华，取名谭卫道。1869年春，谭神父在川北雅安地区的山村里无意间看到一张兽皮，他问主人，回答是“黑白熊”。谭神父追问：哪里可以找到这种动物？主人说，山上就有。同年五月四日，谭神父终于捕到一只，这种可爱动物才为生物学界所知晓。

福州大熊猫研究中心的熊猫。
该中心是东南沿海唯一集科研、科普、观光为一体的大熊猫保育基地。
作者摄。

鸟巢

大约十五年前，寒舍的使君子藤上还有鸟儿前来筑巢，现已多年不见了。有一年冬天，我整理使君子时，发现了一个废弃的鸟巢，两个小孩兴奋得不得了，他们从未实地观察过鸟巢。

我们小的时候，只要较大的树上，大概就可以看到鸟巢。念初一时，我们家搬到新店。搬家后的第二天，我走出村子，越过河堤，进入竹林，才走了几步，就被眼前的景象震慑住了。竹林中到处都是鸟巢，简直就是个大鸟窝！绝大多数都是构筑简陋的鹭鸶巢，但也有不少圆形的鸟巢，有些位置很低，用手就可以够到。

当时那片竹林栖息着成千上万的鹭鸶和一些其他的鸟儿，每到黄昏，就会回来过夜。这种热闹景象只维持了几年，到我上高中的时候，就失去从前的盛况了。

鸟巢的形状

鸟类筑巢是与生俱来的本能，每一种鸟巢的大小、形状、位置和材料都不相同，有经验的赏鸟人，只要观察鸟巢，就知道是什么鸟了。举例来说，鹭鸶喜欢在竹林或相思树林集体筑巢，用些小树枝在枝桠间搭成横七竖八的简陋鸟巢；鹪莺喜欢在茅草或竹叶上，用草叶编成精致的袋形鸟巢。

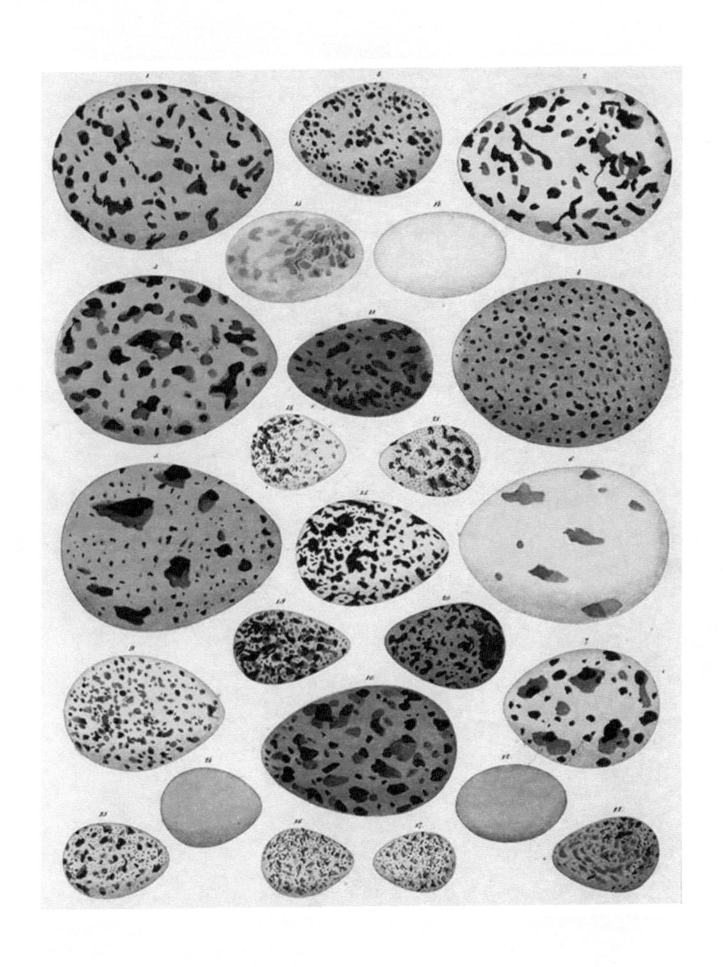

鸟类学家可从鸟蛋鉴别属于哪种鸟。
图为十九世纪初博物著作中的鸟蛋图。
Lorenz Oken（1779 － 1851）绘，维基百科提供。

梅花

许多人认为，梅花是民国时期的国花，其实并没有明文规定。一九二九年三月十五日，国民党召开第三次全国代表大会。这时财政部将铸造新币，要铸上国花，特请大会迅速决定。

大会讨论的结果，赞成梅花、菊花、牡丹的人最多，但得不出结论，最后决议用梅花作为各种徽饰，但不必规定为国花。相沿成习，梅花也就等于是民国时期的国花了。

梅花属于蔷薇科，人们常把蜡梅当成梅，其实蜡梅属于蜡梅科，和梅花根本扯不上关系。梅花有五个花瓣、五个萼片，果然是“梅开五福”，看来古代的文人还懂点植物学呢！

梅花和樱花同属，樱花开花当真可用“怒放”来形容，但不到一星期就“怒谢”了。梅花总是疏疏落落，予人一种不疾不徐的感觉。日本人民族性激越，中国人民族性雍容，从这两种花上就可以看得出来。

林和靖

梅花气韵高华，一向是骚人墨客的吟咏对象。古往今来，最喜欢梅花的，大概就是北宋诗人林和靖了。和靖名逋，字君复，卒谥和靖先生。隐居西湖孤山，在住屋四周种了三百六十多株梅花。生性恬淡，终身不娶，以梅为妻，以鹤为子，留下“梅妻鹤子“的佳话。

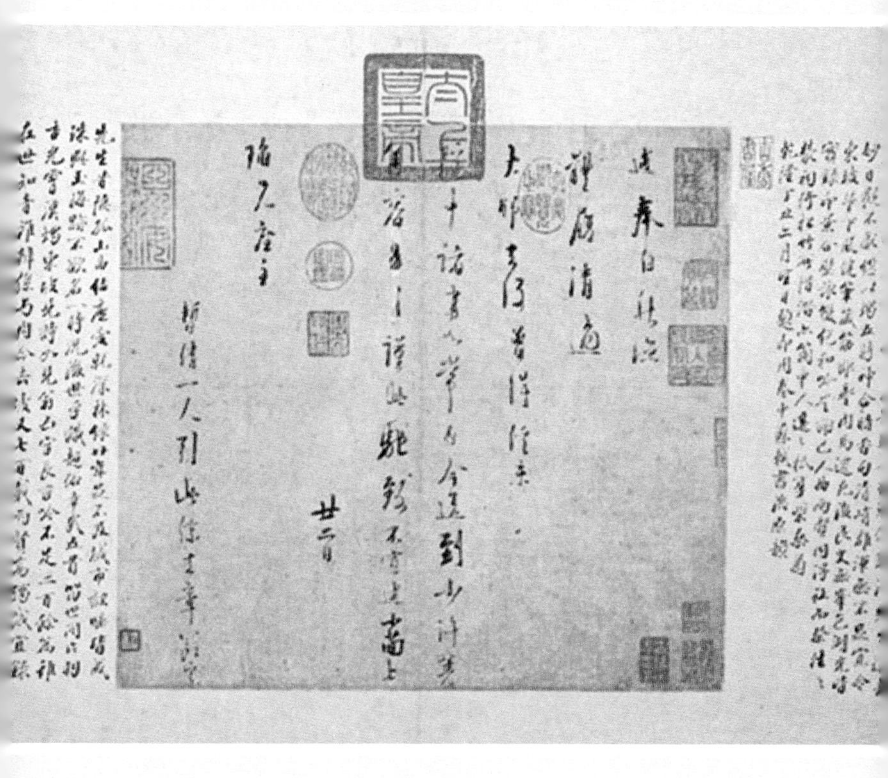

北宋处士林埔（和靖）手札，台北故宫博物院藏。
和靖爱梅成痴，以梅为妻，以鹤为子，留下“梅妻鹤子”佳话。

鲈鳗

鲑鱼在大海里长大，游到河川上游的出生地产卵。鳗鱼刚好相反，在河川中长大，游到大海的产卵区产卵。鳗鱼一生只洄游一次，换句话说，一旦游到产卵区，雌鱼产过卵、雄鱼射过精，它们的一生就结束了。

台湾的鳗鱼主要有白鳗和鲈鳗两种，通常秋冬入海。我小时候，每到秋季，碧潭瑠公圳附近，就有人手执鱼叉，把着个小木箱似的潜望镜，弓着身子，在浅渚中叉鲈鳗。叉到大鲈鳗，就抬到岸上，买瓶米酒，拿个小酒盅，割开鳗尾，滴几滴血，加满米酒，喝一盅十元（当时可不是小数目），很多人等着喝呢。血喝光了，再宰来零售。有的鲈鳗大得惊人，据说有四十斤的！

现在因为河川污染，幼鳗通不过下游的污染区，西海岸的河川可能已找不到野生的鳗鱼了。

鳗鱼的产卵区

古人从没看过鳗鱼繁殖，因而误认鳗鱼是自然发生的，连亚里士多德都不例外。直到十九世纪，人们仍误认鳗鱼的幼鱼——身体扁平的柳叶鳗，是另一种鱼类。到了二十世纪二十年代，丹麦学者史密特找到大西洋鳗鱼的产卵区（西印度群岛东北的藻海），才算弄清鳗鱼的生活史。至于东亚的鳗鱼，直到1992年，才由东京大学的冢本胜巳在马里亚纳海沟西面找到产卵场。

日本人嗜食鳗鱼。

图为京都某饭店早餐定食，图右有一段烤鳗鱼。

Michael Maggs 摄，英文版维基百科提供。

细犬

小时候看《西游记》，孙悟空遭“七圣”围剿，老君从天上掷下金刚镯，打中悟空的头部，一个立足不稳，才被二郎神的细犬赶上在腿肚子上咬了一口，孙大圣因而被擒。细犬是什么狗？这个问题直到最近才弄明白。

有一天看电视，介绍陕西关中地区秋后“撵兔子”，也就是农闲时用狗追捕兔子的活动。对照画面，农民大爷口中的“细狗”，不就是原产埃及的灵缇吗？礼失而求诸野，没想到“细狗”这名称至今仍在使用呢。

灵缇就是greyhound（又译灰猎犬），饲育历史已有三四千年，可说是最古老的猎犬。现有很多品种，但形态基本一致：体呈流线型，嘴巴尖突，腰特别细，腿长而有力。灵缇是狗中跑得最快的，适合追逐奔跑快速的猎物，难怪孙大圣会被它追上了。

乾隆十骏犬

郎世宁，意大利人，耶稣会修士，27岁来华，被延揽为宫廷画家。善用西法绘制工笔画，留下不少写实画作。曾为乾隆皇帝绘“十骏犬”，现藏于台北故宫博物院，1976年曾发行“十骏犬”邮票，除了一只藏獒，其余都是灵缇，可见乾隆皇帝对这种猎犬的偏爱。

郎世宁《十俊犬》之一，属于灰猎犬。

台北故宫博物院藏。

蜗牛夏眠

小院子的花台上，或阳台的花盆里，都有扁蜗牛出没。据说有种农药可以驱除，因为它们危害不大，也就懒得处理。

到了夏季，如果十几天不下雨，扁蜗牛就会分泌蜡质，把螺口堵住，开始夏眠。这时代谢率降低，体重变轻，螺肉不再充满螺壳，成为半空的壳子。记忆中，非洲大蜗牛也有夏眠的行为。

有一年，我到希腊小岛观光。地中海气候夏季干热，小岛上的灌丛大多已被晒成“干燥花”。在圣托里尼岛，我们走到一处不知名的海滩，沿途若干晒枯的灌木上，密密麻麻的尽是蜗牛，像是贴上去似的。我用手去抠，要用点力才能抠下来。常识告诉我，这是夏眠。

这种蜗牛为什么不在地上、而在树上夏眠？是因为枝干较地上凉爽、湿润吗？我不谙贝类学，至今仍想不出答案。

蜗角虚名

庄子说过一则发人深省的寓言：蜗牛有两个角，蛮氏和触氏各在一个角上建国，两国争地，伏尸数万。（《庄子·则阳》）显然在讽刺诸侯互相攻伐，各国煞有介事地厮杀，实际上就像蜗角之争般可笑可悲。苏东坡填过一阕《满庭芳》：“蜗角虚名，蝇头微利，算来着甚干忙。”蜗角虚名已成为成语，比喻微不足道的浮名虚誉。

地中海气候夏季干热，几乎不见雨水。
在圣托里尼岛的一处不知名海滩，若干晒枯的灌木上，
尽是夏眠的蜗牛，这种现象在其他地方从未见过。
作者摄。

钓鱼

我从小喜欢钓鱼，不过已经很久没钓了，原因是河中无鱼可钓；即使有，也是些耐污染的吴郭鱼，谁有兴趣钓啊！

我们小的时候，农药还不时兴，只要有水的地方就有鱼。那时鱼钩一毛钱两枚。我们买不起鱼线，就用从面粉口袋拆下的粗线代替。鱼竿也是不难做，到处都有竹子，砍一根削掉枝梢就成了。鱼锤是块石头，或用过的铅制牙膏筒。我们不用鱼漂，把鱼竿插在小河沟的岸边，在一旁玩耍。一旦鱼儿上钩，鱼竿就会一拽一拽地摆动，赶紧抽起鱼竿，闪烁着银光的鱼儿就到手了。

当时我们常钓到的有鲫鱼、鳑鲏（牛屎鲫仔）、盖斑斗鱼（三斑）、塘虱、长臂虾和毛蟹，偶尔可钓到白鳗和鲶鱼。小一那年第一次钓鱼，用军用电话线里的钢丝，自己弯个鱼钩，裹上块生面——还不知道用蚯蚓，竟然钓到一条牛屎鲫仔。您想当时河里的鱼有多少！

余话

记忆中，牛屎鲫仔最“乖”，上钩后不怎么挣扎；最难搅的是白鳗，会缠鱼线，死命地挣扎，要取下来还得费点手脚。我们最讨厌毛蟹，常把鱼钩拖进洞里，用力拉的话线就会断掉。钓到毛蟹带回去给阿雄家的猪吃，活生生的螃蟹，喀蚩、喀蚩，三两下就吞进猪肚子里了。猪也吃活食，这是我亲眼看到的。

南宋・马远《独钓寒江图》，
日本东京国立博物馆藏。
取意柳宗元诗“千山鸟飞绝，万径人踪灭。孤舟蓑笠翁，独钓寒江雪”。
以一叶扁舟和大片空白，画出诗中的孤寂感。

含羞草

台湾经过西班牙人和荷兰人占领，带来了若干域外植物。清朝初期，官员发现台湾有许多内地见不到的奇花异草，纷纷写进他们的诗文，其中最值得一提的就是含羞草。

含羞草原产中南美洲，哥伦布发现新大陆后才传到欧洲和亚洲。清领初期，台湾就有含羞草了，大概是西班牙人或荷兰人带进来的吧。这种奇异的植物像是懂得害羞，人们就用闽南语给它取了一个名字——见笑草。文人们把“见笑”这个词加以雅化，含羞草的名称就诞生了。

康熙四十八年（一七〇九年）刊刻的《赤嵌集》有羞草诗，这是已知最早的含羞草记录。康熙五十七年（一七一八年）出版的《诸罗县志》，正式出现含羞草这个词。后来流传到内地，成为通行全中国的一个名称。如今台湾史蔚为风尚，这个掌故值得一提。

羞草诗

《赤嵌集》卷四有羞草诗：

羞草：叶生细齿，挠之则垂，如含羞状，故名。

草木多情似有之，叶憎人触避人嗤；也知指佞曾无补，试问含羞却为谁？

诗中“试问含羞却为谁”的句子，首次出现“含羞”字样。羞草加上含羞，不就成了含羞草吗？《赤嵌集》的作者孙元衡，桐城人，原任四川汉州知州，康熙四十二年升台湾府同知，四十八年任满，调山东东昌府知府，《赤嵌集》于是年刊刻。

西洋有草名僧息底，韓譯漢音為知時也。其貢使攜種以至，歷夏秋而榮。在京西洋諸臣因以進焉。以手摻之則眠，踰刻而起，花葉皆然。其起眠之候，在午前為時五分，午後為時十分。輙以成詩，用備群芳一種。

懿此青青草，迨兹貢泰西。知時自眠起，應手作昂低。似菊黃花韡，如榱綠葉萋。詎惟工揣合，殊不解端倪。始謂萐莆誕，今看靈珀齊。遠珍非所寶，異卉亦堪題。

乾隆癸酉秋八月題知時草六韻，命為之圖，即書其上。御筆

乾隆十八年（一七五三），郎世宁画过一幅《海西知时草图》，上有乾隆题诗，是我国已知最早的含羞草图绘。

臣郎世寧恭繪

白粉蝶

过了春节，不论气温高低，只要天晴，野外的菜园里就会出现若干白粉蝶，三三两两，在料峭春风中逗来逗去。我曾模仿西藏的六音节诗体，写过一首诗咏白粉蝶：

单薄孱弱翅膀，逗弄东皇脸庞。

许是蝴蝶效应，迎来明媚春光。

天气渐暖，白粉蝶的数量更多，只用一个“逗”字，已不足以形容千百白粉蝶翩飞的热闹景象，如果借用北宋词人宋祁《玉楼春》的“闹”字，或许可以得其韵味。

宋祁以“绿杨烟外晓寒轻，红杏枝头春意闹”称颂春光明媚。王国维在《人间词话》中说：“着一闹字，而境界全出”。宋祁因这一名句，被当时人称为“红杏枝头春意闹尚书”。

白粉蝶的幼虫是十字花科蔬菜的主要害虫，但不论农人喷洒什么农药，这种看来弱不禁风的粉蝶，都不会在菜园里消失。

粉蝶

粉蝶是蝴蝶的一个科。体型中等，身体轻盈。后翅不具尾状突起。翅色通常是黄色或白色，并杂有红、黑或褐色斑点、翅纹。台湾粉蝶科有三十多种，其中最美丽的是红衽蝶（端红蝶），从前平地就很容易看到，现已难得一见。淡黄蝶，山中仍很常见，黄蝶翠谷中的蝴蝶就属于这一蝶种。

雄白粉蝶飞近，雌蝶收起翅膀，意味拒与交配。
源自 http://opencage.info/pics/large_4375.asp。
摄于日本兵库县、高砂市。维基百科提供。

樱花

我曾两度前往东京赏樱，一次四月中旬于上野，看到的以红樱为主；一次清明前后于御苑，看到的以白樱为主。

樱花长得很慢，某年到青岛开会，适逢樱花节，那些日本窃占青岛时种植的樱花，已有七八十岁，才不过碗口粗细。因此，要看粗可两三人合围的古樱，恐怕只能到日本了。

日本人歌颂樱花，始自平安时代，距今已有千年历史。日本人常说：“花则樱花，人则武士。”樱花短暂艳丽，武士以战死为极致，日本有位武士的绝命词写道：“提持吹毛，截断虚空。大火聚里，一道清风。”樱花美学于此展现无遗。

樱花花期不到十天，日本有句民谚“樱花七日”，一朵樱花从开放到凋谢为期约七天，据说第七天的“樱花雨”最是凄美。大和民族几近追求完美的激越个性，不就是樱花骤开骤落的反照？

台湾山樱

台湾山樱是台湾原生种，也是台湾分布最广的樱花树种。冬季落叶，一月至四月开花，视地区而异。近年来因气候反常，花期往往提前。花色有绯红、粉红等，花季虽不如吉野樱、八重樱等日本品种繁盛，但生长情形较日本品种良好。台湾山樱曾被美国植物书刊评为世界级亚热带优异花木。

樱花于清明前后开放。

1991 年 4 月 2 日摄于东京御苑，春寒料峭中白樱花盛开。

山茶花

小仲马的成名作《茶花女》，描写名妓马格丽特和世家子亚蒙的悲情故事。马格丽特出入歌台舞榭，必然带着一束茶花，每月有二十五天带白茶花，其余五天带红茶花，人称茶花女。

山茶又名耐冬，原产中国，唐代传到日本，到了十八世纪，才经由日本传到欧洲。《茶花女》作于一八四八年，这时山茶早已在欧洲落籍。小仲马以花喻人，马格丽特的姿容和气质，已无须多费笔墨了。

山茶的花期长，陆游咏《山茶》：“东园三月雨兼风，桃李飘零扫地空。唯有山茶偏耐久，绿丛又放数枝红。”山茶的叶子浓绿青翠，花色以白、红、粉红为主，花、叶对比明显，“绿丛又放数枝红”，传神极了。

山茶凋谢时，总是整朵花落地，所以从前官宦人家不大种山茶，有哪个大官不忌讳“断头”！据说日本武士也有这种忌讳。

茶树和山茶

茶树和山茶是堂兄弟——都属于山茶属（*Camellia*）。制茶用的茶树，学名 *C. sinensis*；园艺植物的山茶，主要指 *C.japonica*。据大陆山茶科专家闵天禄教授的研究，全世界山茶属约一百种，主要分布于长江以南至云南、越南一带。台湾也在山茶属的分布区内，据《台湾植物志》，台湾有十二种。

小仲马的《茶花女》已改编为歌剧、电影。

图为好莱坞电影《茶花女》海报，1936 年发行，葛丽泰·嘉宝、劳勃·泰勒主演。

金鱼

寒舍有座小鱼池，长约1米，宽约0.17米，里面有块咕咾石，上头种棵小叶水芋，池里养些卵胎生的孔雀鱼和斑马鱼，随时都有小鱼出生，倒也十分热闹。

这个小水池养过多次金鱼，只要养得稍微大点，就成为我家猫咪或邻家猫咪觊觎的对象。猫咪站在池边，睁大眼睛，前足一实一虚，蓄势待发，只要金鱼一浮上来，就可能成为爪下亡魂。

后来我们索性只养小鱼，但我喜欢的还是金鱼，案头的金鱼图鉴就有好几种。金鱼是鲫鱼的变种，起源于中国，南宋开始饲养，经过八九百年，现已发展出三百多个品种。

中国的金鱼，于明弘治十五年（一五〇二）初次传到日本，后来又传去几次。中日两民族的审美观不同，因而育成的金鱼各有特色。日系金鱼大多鲜艳华丽，很容易让人想起和服。

金鱼的类别

金鱼以鳍区分，分为三类：草金鱼，基本保持鲫鱼形态；文鱼，尾鳍三或四叶；蛋鱼，无背鳍。再根据头、眼、鼻、鳃盖和鳞片，又可分成很多类型，如狮头、虎头、龙睛、望天眼、水泡眼、绒球、翻鳃、珍珠鳞、透明鳞等。

瑾妃（中）在故宫赏金鱼，摄于民国初年。

水族箱兴起前，金鱼养在陶盆或木盆中。

蓟花的联想

那是很久以前的事了。某日早晨，看到邻家墙头上开了朵蓟花。这种菊科植物本来就显得苍劲、挺拔，从墙头的缝隙中长出，更显得特立独行。感动之余，我写了篇散文《蓟花的联想》，其中两段是这么写的：

“长长的一道墙垣上，就只有那棵蓟花。风和鸟儿一定刮来过很多种子，但是他们都经不住骄阳，经不住狂风，先后倒下去了。只有它——那棵蓟花，愈长愈硬，愈长愈壮，在磨难中终于开出了骄人的紫花。”

“它不怕寂寞，挣扎中的生命没有怕寂寞的，寂寞带给它冲撞的勇气。它没有朋友，它的同类都在墙下。它不羡慕墙内的七里香，它们只会招蜂引蝶。它不需人眷顾，也不需人欣赏。”

此后每看到从墙缝、屋顶上长出的植物，就想拍下照片，记录下生境，然后集合起来出本专书，歌颂生命力的强韧。只因劳人碌碌，这个心愿不知何时才能实现。

耐旱植物

有人喜欢种花，但懒得照料，那就选种耐旱植物吧。比如景天科的长寿花、石莲、落地生根、大返魂草、风车草，龙舌兰科的星点木，百合科的芦荟，大戟科的麒麟木、绿珊瑚，木棉科的马拉巴栗，当然啦，还有仙人掌科的各种成员。如果您实在懒到不行，那就只能种仙人掌喽。

洛杉矶海滨所见的耐旱植物——龙舌兰科与仙人掌科植物。作者摄。

猕猴桃

猕猴桃原产中国。然而，几千年来，猕猴桃一直是种野果，将猕猴桃驯化成水果的关键人物，竟然是位新西兰姑娘。

一九〇三年，有位新西兰北岛的女老师伊莎贝尔，到中国探望在宜昌传教、教书的姐妹凯蒂。翌年伊莎贝尔返回新西兰，带回猕猴桃的种子，送给经营农场的爱里生，这就是新西兰猕猴桃的源头。

大约到了一九四〇年，新西兰的猕猴桃已驯化成商品。一九五二年，首次销往伦敦，随即打开国际市场。一次世界大战时，外国人把新西兰人叫作kiwi，这个字原指新西兰的国鸟几维鸟，后来干脆也把新西兰的猕猴桃叫作kiwi fruit。

如果记忆无误，大约20世纪80年代初，新西兰的猕猴桃销到台湾，进口商把它译成“奇异果”，如今人们反而不知道它的本名了。

隰有苌楚，猗傩其枝

《诗经·桧风·隰有苌楚》：“隰有苌楚，猗傩其枝。”意思是说：“湿地上长着苌楚，枝条婀娜多姿。”苌楚就是猕猴桃，它是藤本植物，难怪诗人说它“猗傩其枝”。唐代诗人岑参说得更为真切：“中庭井栏上，一架猕猴桃。”若非藤本，哪会爬满一架？

獼猴桃

李时珍《本草纲目》图卷中『果部瓜类』：猕猴桃图。

秋海棠

先父去世已六年了。老人家离开时，我把他种的桃花和柏树移到山上，结果桃花枯死了，耐旱的柏树如今比盆栽时长高、长粗了至少一倍。先父种的花草仍留在阳台上，睹物思人，让我们时时想起老人家慈祥的容颜。

先父种的花草中，他最喜欢的是几盆秋海棠。理由很简单，他在家乡种过这几个品种嘛。凡是家乡的事物，他都有份特殊的感情。老人家经常换盆，有时大盆分成好几小盆，有时小盆聚成大盆，秋海棠特别容易种，不管怎么捣弄，都长得欣欣向荣。

秋海棠是秋海棠科、秋海棠属的通称。小时候我们读的教科书上说，中国地图像片秋海棠的叶子。秋海棠属约一千种，并不是每种叶子都像中国地图，常见的斑叶秋海棠就不像。自从蒙古自中国分离出去，秋海棠叶的比喻已不成立了。

海棠

人们常把海棠和秋海棠混为一谈。海棠属蔷薇科，木本植物，主要分布北方，春季开花。秋海棠是宿根草本植物，主要分布南方。李清照词《如梦令》：“昨夜雨疏风骤，浓睡不消残酒。试问卷帘人，却道海棠依旧。知否，知否？应是绿肥红瘦。”指的就是木本的海棠。

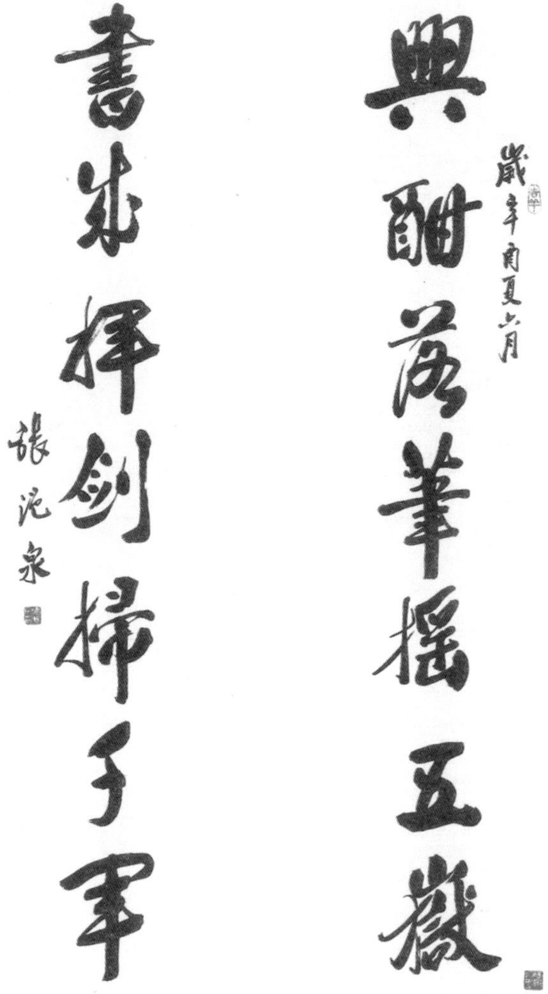

興酣落筆搖五嶽

書成揮劍掃千軍

歲辛酉夏六月

張浥泉

张浥泉先生墨迹。先生讳注恩，以字行。工书法诗文。书从欧阳率更入手，后学赵松雪及魏碑。诗宗袁随园，有《零缣集》传世。此幅作于一九八一年，时年七十有二。

邦锦梅朵

我到过拉萨。拉萨人喜欢种花，每家人家的阳台上或窗台上，几乎都摆有几个花盆。怒放的花朵，在明艳的光线下，显得格外抢眼。摆在藏式屋宇窗台上的花盆，和窗户上的彩绘相映，色彩感更为强烈。

拉萨附近的山上，较平缓的斜坡上披着一片片草地。远看碧草如茵，近看成丛成簇，并不能完全遮住地面。在哲蚌寺附近的草地上，我看到美得醉人的“邦锦梅朵”。

草原上的野花，藏人统称邦锦梅朵，意为“装饰草原的花”，那些散在绿草中的低矮的野花，花序大多成串成穗，开得又密又艳。在明亮的太阳下，闪烁着难以言喻的生命活力。

我造访时，拉萨朋友送我一本当地的文学刊物，取名“邦锦梅朵”，不看内容，光看这个名字就让人爱不释手。

太阳城

拉萨的雨量集中在夏季，而夏雨又多为“夜雨”，一年三百六十五天，白昼几乎都是大晴天，难怪民居普遍使用太阳热水器了。夏季晚上下雨，为土壤补足水分，白天天空蓝得发黑，再加上高原上空气洁净，阳光挥洒而下，为光合作用创造了绝佳的条件。因此，拉萨附近的作物长得特别茂盛，花卉开得特别艳丽。

1991 年 8 月 6 日，作者应邀赴拉萨出席“第二届史诗格萨尔国际学术研讨会”，一走出飞机、披上哈达，欣喜之情溢于言表。

兰

一说起兰花，脑海中就会浮现出各种兰花的身影，诸如国兰、东亚兰、石斛兰、蝴蝶兰、拖鞋兰、文心兰、加德利亚兰；如果稍具植物学观念的话，还会想到兰花的一大特征——三枚花瓣中一枚特化成唇瓣。不过这是今人的观念，古人可不这么想。

在古人的观念中，只有草兰（国兰）才是兰，其他的都不配称兰。古人当然没见过原产美洲的文心兰和加德利亚兰，然而，东亚兰，现称蕙兰，古人只称“蕙”，吝于加个兰字；石斛兰，古人称石斛，其茎入药，古人才给它取个名字；蝴蝶兰、拖鞋兰竟是无名野花！

中国原有一套自家审美标准，重视含蓄、典雅，不尚浓妆艳抹。文人更重视花的象征意义，兰象征君子，淡雅的“王者香”，象征君子不求人知的高贵品格。

四君子

梅兰竹菊称四君子，是明清画家最喜欢的题材。这四种植物都象征君子，梅象征君子的不畏强暴，兰象征君子的不欲人知，竹象征君子的虚心正直，菊象征君子的隐逸节操。南宋画坛已出现“岁寒三友”（松竹梅），四君子显然是从岁寒三友衍变而来。

明·文朋《兰花图轴》，北京故宫博物院藏。
文朋，号三桥，文徵明长子。
本幅绘兰花及荆棘，喻君子处逆境不失本色。
题『月摇庭下珂，风递谷中香』。

虎牙

1988年两岸往来开放，在开放的前十年，不少单帮客到大陆搜购土产。就在那段时间，我在某夜市地摊上看到十几枚老虎的犬齿，问摊贩从哪里买到的，他只说是大陆，没说出明确的地方。我买了两枚，一枚已经遗失，现在还剩一枚。

这枚虎牙长0.1厘米，牙冠占二分之一强，牙根部分刻成一只蹲坐的老虎。在食肉目中，只有老虎和狮子有这么长的犬齿，中国不产狮子，这枚犬齿显然是老虎的。

中国是个多虎的国家，根据大陆学者何业恒先生研究，直到1949年，全国仍有529个县产虎，其中华南亚种占370个县，可说是中国虎的代表。

然而，大陆曾经多次掀起的“除害运动”，单单是湘西南的通道县，就猎杀了一千只虎！在全面捕杀下，野生的华南虎已经灭绝。我买的那枚虎牙，大概就是“除害运动”的遗物吧。

武松打虎

一般的老虎是不吃人的，只有病虎，和老得抓不到其他动物的“老”虎，才会吃人。根据《水浒传》叙述，景阳冈上的老虎“晚上出来伤人，坏了三二十条大汉性命。”这样看来，景阳冈上的大虫不是生病就是老到不行，否则纵使武二郎天生神力，恐怕也打不了它吧?

虎曾分布大江南北，
图为清代山东潍县年画《当朝一品》。
民间认为，虎能避邪，常作为民间艺术题材。

圆蚌

偶然间看到一则电视新闻：环保人士在关渡平原的湿地上，发现了台北地区消失久已的圆蚌。一个大特写镜头，将我拉回过去……

农药、化肥还不时兴的时候，凡是泥底的小河、沟渠、池塘或稻田，都可以找到圆蚌。大人说，圆蚌有股尿骚味，我们偶尔会摸一两只来玩，没人抓来打牙祭。

后来农药、化肥愈用愈多，水族愈来愈少。我读大学的时候，当年被说成有尿骚味的圆蚌，竟然出现在市场上。在校任教那几年，每年都到市场买些圆蚌，泡在福尔马林里，作为普通生物学的实验材料。

一九七一年冬某一天，普生实验课解剖圆蚌，我正来回说明着，突然传来一阵骚动，原来有只圆蚌里有两颗珍珠！带过那么多次实验，这还是头一遭。学生高高兴兴地把那扇圆蚌送给我。实验课十时结束，脱下实验袍，换上西装，搭出租车赶到地方法院，十一时举行的公证结婚，新郎可不能迟到喔！

珍珠

当沙粒等异物进入贝类外套膜与介壳之间，外套膜就会分泌珍珠母，将异物裹住，久而久之，就成为珍珠。以人工方法将珍珠核种进贝类体内，可以形成“养珠”。养珠较大、较圆，但珍珠层较薄。中国大陆南方和日本，主要用海贝养珍珠，华中主要用河蚌养珍珠。市售的珍珠几乎都是养珠，天然珠极为罕见。

这就是文中所提到的那扇圆贝，左上角有两颗珍珠。

同事张君豪先生代为拍摄。

尤加利

上小学时，学校有座废弃的游泳池，我们经常在里面打躲避球。池边种着一圈大叶尤加利，我们喜欢在池畔的树荫下乘凉。尤加利会结一种戴顶小圆帽似的果实，我们常拣些从树上掉下来的小圆帽，在地上捻着玩，看谁转得最久。

上高中时，北新路两侧有粗可合围的大叶尤加利，我们骑自行车从新店到公馆，一路几乎晒不到太阳。上大学时，小火车路拆了，北新路拓宽，只剩下一侧（东侧）还有尤加利。后来继续拓宽，北新路的尤加利只能留在记忆中了。

几年前到爱琴海旅游，第一站米克诺斯岛，一上岸就看到一种很特别的树：树皮像桦树，嫩绿的枝叶像垂柳，刚健中别具婉约，让人看一眼就忘不了。当天在滨海的露天餐厅晚餐时，不期然地看到掉落地上的一顶顶小圆帽，我认出来了，那是一种尤加利啊！

无尾熊和尤加利

尤加利，属桃金娘科，原产澳洲，有六百多种。澳洲的无尾熊以尤加利为食，不过无尾熊很挑嘴，只吃其中十几种。尤加利有毒，纤维又粗，但无尾熊的盲肠中有一种微生物，能够分解尤加利的纤维和毒素，这种微生物是小无尾熊舔食母亲的粪便取得的。

迟至 1770 年，植物学家才开始调查澳洲的尤加利。

图中的无尾熊正在吃尤加利树叶。

Arnaud Gaillard 摄于澳洲，

英文版维基百科提供。

水杉

几年前游张家界，下了缆车，没走多远，看到路旁的树上有只猕猴，我举起相机用伸缩镜头把它拉近，刚要按下快门，猴子跑了，却认出那棵娉婷多姿的树木——那是棵水杉！

水杉树形高耸，叶子呈羽状，和一般针叶树很不一样，我在溪头实验林看过这种“活化石”，所以轻易地就认出来了。

张家界风景区路边的水杉应该是种植的，但峡谷（金鞭溪）中的水杉肯定是野生的。过去只知道这种珍稀树木产在川鄂边界，没想到还分布到湘西一带呢！

水杉出现于白垩纪，曾经分布世界各地，但第四纪冰期以后，公认已在地球上消失。抗战期间，林务人员在四川万县山区意外地发现了这种植物，1948年由前辈学者胡先骕、郑万钧命名，当时可是世界植物学界的头等大事！

活化石

一种生物，如果同类都灭绝了，只有它还存在，就称为活化石。以水杉来说，从白垩纪到上新世，世界很多地方都可以找到它们的化石。1941年，日本古生物学家三木茂根依据日本上新世的水杉类化石，另立一个新属——水杉属（*Metasequoia*），他万万没想到，中国竟然还有这个属的植物存在！

二〇〇二年春游张家界，在金鞭溪畔发现野生水杉，可见其分布不限于川、鄂。洪文庆摄。

吃榴梿

目前市场上的水果，进口的可能比土产的还多，当年可不这样。

1982年，我随团出国旅游。到了槟城，问地陪小叶能不能买到榴梿，小叶皮肤黝黑，是个带有马来血统的华侨女孩，她大眼睛眨了眨，以略带挑战的口吻说："当然有啦，不过你不敢吃！"

那天小叶带我们游览槟城，路上我不停地向她探询榴梿，小叶的回答很夸张："如果吃上瘾，讨老婆的钱都会拿去买榴梿。"我说，如果讨过老婆呢？她眨了眨大眼睛，"那就卖老婆吧！"

游览回来，小叶果然带我去买榴梿，踏着晚霞，来到一条静谧的小街，十几辆卖榴梿的手推车一字排开，每辆车子上都挂满了榴梿，那是我第一次看到榴梿！我安然地吃了两瓣，小叶直夸我勇敢，我打趣地说："我要卖老婆了。"

臭果

郑和下西洋时，有位随行的翻译马欢，写过一本《瀛涯胜览》，记述苏门答腊国："有一等臭果，番名都尔乌，如中国水鸡头样，长八九寸，皮生尖刺，熟则五六瓣裂开，若烂牛肉之臭，内有栗子大酥白肉十四五块，甚甜美可食。"榴梿的英文名durian，源自马来语，都尔乌即其谐音。

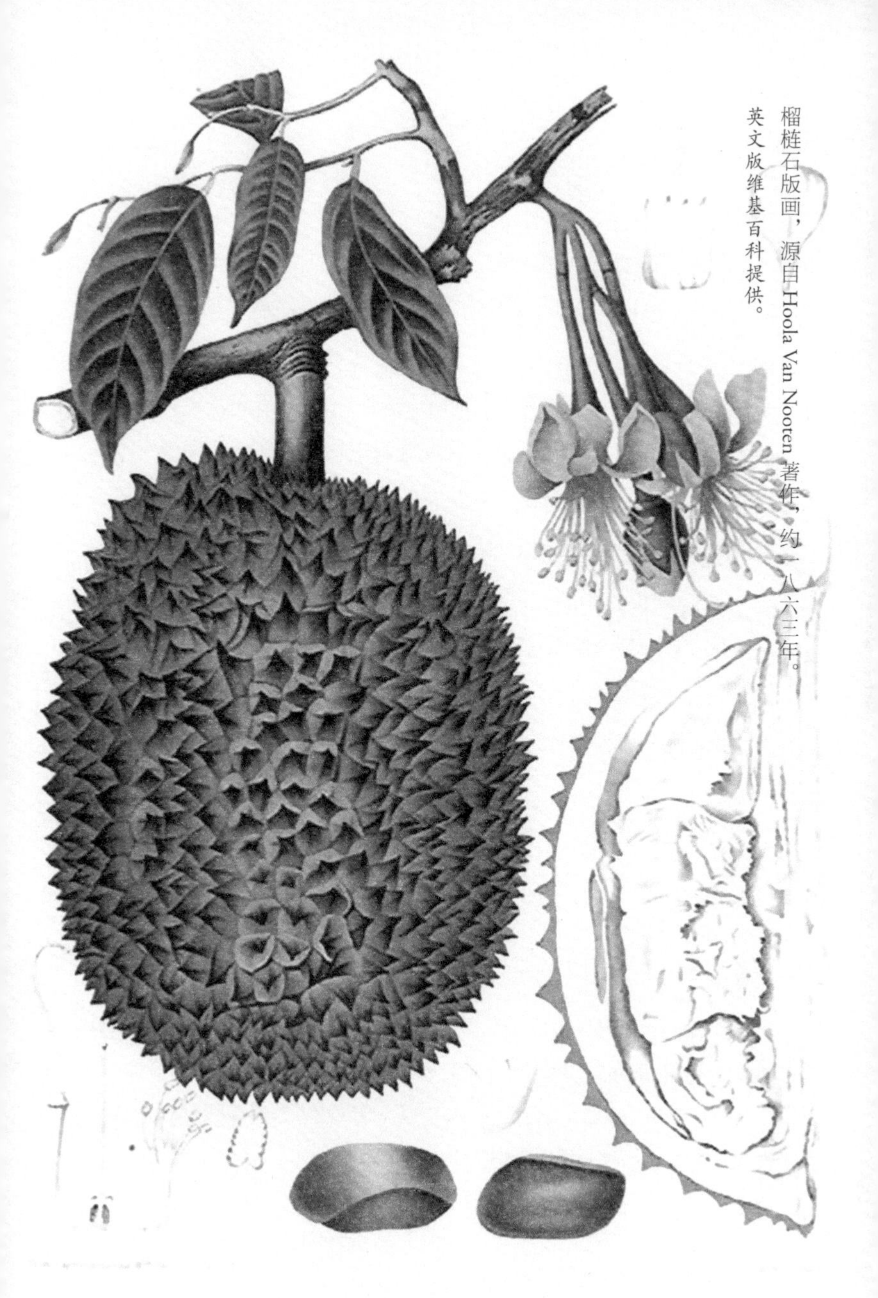

榴莲石版画，源自Hoola Van Nooten著作，约一八六三年。英文版维基百科提供。

挖泥鳅

生活在烂泥巴里的泥鳅，不怕水脏，不怕缺氧，却最怕化学污染，如今到处使用化肥、农药，难怪泥鳅已快成为稀有动物了。

从前秋收过后，孩子们喜欢在干涸的稻田里挖泥鳅。所谓“挖”，其实不用什么工具，稻子的须根扎得并不深，只要握着割剩的一截，双手用力往上拔，须根缠着土壤拔离地面，现出一个浅窟窿。这时，如果窟窿里出现黄色的圆洞，顺着洞往下抠，洞壁愈来愈湿，当手指接触到水的时候，就能摸到里面的泥鳅或鳝鱼。

稻田行将干涸时，泥鳅和鳝鱼就钻进泥里，利用身上分泌的黏液做个防水的窝，以备干涸时维持起码的湿润。等到稻田真的干了，只能用肠呼吸，艰难地存活下去。翌年春耕，稻田注水，残存的泥鳅或鳝鱼获得生机，新的一轮生命又开始了。

气象鱼

当天气闷热、腐殖质腐烂、引起严重缺氧时，泥鳅会此起彼落地跃出水面，用口吞进空气，用肠子呼吸。泥鳅的肠很特别，前半部用来消化，后半部可以用来呼吸。当泥鳅竞相跃出水面，意味着天气闷热，将要下大雨，所以西方人称之为 weather fish （气象鱼）。

泥鳅，英文称为气象鱼。
Noel Burkhead 摄，
维基百科提供。

钓虫仔

小时候在农村租屋居住，村子里有两处稻埕（晒谷场），那时稻埕都没铺水泥，裸露的黄土上有许多小洞洞，孩子们常拔根草梗，将幼嫩的一端插进洞里逗弄，然后飞快地抽出，往往就有只大头、大颚的虫子，含着草梗被钓出洞外。这个游戏我们叫做“钓虫仔”。那时我们不知道所钓的虫子是什么，直到上了大学，才知道是一种斑蝥的幼虫。

据玩伴们说，这种斑蝥的幼虫可以喂鸡，我们钓不了几只，记忆所及，从没拿去喂鸡，倒是有位阿兵哥，常向我们要去喂他的知更鸟。

这种斑蝥的幼虫平时守在洞口，当有小动物经过，就飞快地将猎物逮住，拖进洞里享用。斑蝥和它的幼虫都是肉食性的，被我们用草梗钓出洞外，大概是一种防卫行为吧？

西班牙金苍蝇

斑蝥，中药用作利尿剂、发泡剂。西洋人将一种班蝥（洋斑蝥）晒干、磨成粉末，作为春药，商品名称叫作“西班牙金苍蝇”。斑蝥具斑蝥素，可扩张末梢血管，据说对男女都有效。但斑蝥素经小便排出时，“痛不可当”（《本草纲目·斑蝥条》）。服用过量甚至造成急性肾衰竭，不可不慎。

斑蝥含斑蝥素，烘干研成细粉，可做春药。
图为19世纪采洋斑蝥情形。
维基百科提供。

求偶送礼

动物的形态和行为，都是演化的结果。以求偶行为来说，除了发光、鸣叫、跳舞、炫耀等等，还包括送礼。和人类一样，送方通常是雄性。

昆虫中的舞蝇和蝎蛉，求偶时雄性会准备食物送给雌性。雄鸟以赠送筑巢材料或食物讨好雌鸟，如非洲蜡嘴鸟送鲜花、树叶，白鹭送树枝、草茎，海鸭、海鸥送小鱼，造园鸟还会赠送玩物呢！善于送礼者必定具有过人的身手，雌性选择它肯定没错！一代代地选择下去，基因的频率就可能改变了。这个过程——性择，是促成演化的因素之一。

最为特殊的是响盒蛾的“送礼”。雄响盒蛾从野百合中摄取一种植物碱，交配时借着精液传送给雌蛾，有了这种植物碱，蜘蛛等天敌就不敢吃它了。在自然界，类似的例子并不多见。

以命相赠

螳螂和蜘蛛交配时或交配后，雌性往往将雄性吃掉；特别是螳螂，有时雄性的头部都被吃光了，下半身还在和雌性缠绵，小时候常看到这种情景。以生命相赠，这算是送礼的极致吧！其实，这无关“残忍”，大腹便便的雌性行动不便，雄性以命相赠，让雌性获得足够的营养，顺利产下后代，它的基因才能传播下去。

一种造园鸟。

造园鸟之雄鸟（上）以营巢并赠送礼物吸引雌鸟（下）。

源自 http://www.oiseaux.net/photos/bowdler.sharpe/，

Richard Bowdler Sharpe 绘，英文版维基百科提供。

不杀生的印度人

我们是深夜到达德里的，第二天一走出饭店，立刻响起一阵喧噪，只见一大群长尾鹦鹉，在树上呼朋引类。在印度那几天，天天都看到成群的鹦鹉，简直比麻雀还要寻常。这还不说，在郊区还看到野生的孔雀呢！

印度饭店的落地窗上，常写着“小心猴子”，原来即使是通都大邑，也经常有猴子出没。清晨时分，路旁高低错落的屋顶上，猴子三三两两，顾盼自雄地蹲坐着，一点儿都不怕人。

在印度那几天，最让我吃惊的是：在小城萨摩地，看见一只母野猪带着小野猪在店铺前巡逡。野猪吻部尖突，前胸大、后臀小，以我的生物学背景，是不会将家猪误认成野猪的。

印度人不杀生，人和动物和平相处，近得仿佛可以彼此流转，轮回观念大概就是这样产生的吧？

轮回

梵文原意是“流转”，意思是说，众生各依其因业，在六道——天（神）、人、阿修罗（魔）、地狱、恶鬼、畜生间生死相续、升沉不定。因而人和动物间的关系是连续的，不是为分离的；动物可经由轮回升格为人，人也可能经由轮回降格为动物。轮回原为婆罗门教（印度教前身）的观念；佛家认为，只有修到涅槃的境界，才能脱离轮回之苦。

印度教和佛教都有轮回观念，图为藏东唐卡，约作于 1800 年，

伯明翰艺术博物馆藏。阎王口衔巨轮，推动轮回。

阎王，实为因业的象征。

英文版维基百科提供。

植物的力量

报上说，有家人家在十三楼上种了棵榕树，树根竟然伸进排水管，一直扎到一楼！大厦的排水管互相连通，树根四处蔓延，已到了无法清除的地步。

这则新闻使我想起吴哥窟所见所闻。吴哥遗迹主要是十至十三世纪的建筑，1861年法国博物学家穆奥无意中发现，遗迹上长满草木蔓藤，若非近看，已很难看出那是些建筑物了。

现今对外开放的吴哥遗迹，草木已经清理，但有些根本无法刈除：如达松将军庙的后门，整个被大树裹住；拍摄《神鬼奇兵》的塔布伦寺，板根植物和巨石已结为一体。植物的根伸入巨石缝隙，日积月累，几十吨的巨石都被晃动了。

植物的作用是大自然的营力之一，从山崖的风化到土壤的形成，植物都扮演着重要的角色。老子说："万物恃之以生而不辞，功成而不有。"以之比喻植物，大概最恰当吧。

真腊风土记

古时中国称柬埔寨为真腊。元初的周达观，1296年出使真腊，逗留一年，回国后写成一本名著《真腊风土记》。周达观造访时，吴哥王国已经式微，但宫室、庙宇却以那时最为辉煌。《真腊风土记》有四十节，包含城郭、宫室、服饰、人物、语言、耕种、出产、贸易、蔬菜、舟楫、村落、澡浴、军马等等，是研究吴哥王国的珍贵史料。

植物是大自然的营力之一。图为吴哥窟达松将军墓后门板根植物和城门巨石已结为一体

作者摄。

毒鱼

报上刊出一则不大不小的消息：澳洲“鳄鱼先生”厄文，在大堡礁海域拍摄纪录片时，不幸被一条魟鱼螫中胸部，因为太靠近心脏，当场死亡，从此我们再也看不到他主持节目的倜傥身影了。

魟鱼属于软骨鱼，和鲨鱼同类，但魟的尾巴上有毒刺，这是它的防卫武器，被螫一下非同小可。从前菜市场上常看到魟鱼，尾巴都截断了，是渔民捞捕时剪的。如今生活水平提高了，市场上净是些远洋鱼或进口鱼，已许久没看到魟这类下杂鱼了。

台湾渔民有“一魟二虎三沙毛”的俗谚，指的是三种毒鱼——魟、狮子鱼（石狗公）和鳗鲶。后两者的鳍上有毒刺，扎到人后果相当严重。

我曾被塘虱鱼的胸鳍刺到，伤处立刻红肿。还被海胆刺到过，和赤脚踩到铁钉上的感觉差不多。被水母螫到呢？又麻又痛浑身不舒服的滋味，至今记忆犹新。

拼命吃河鲀（俗称“河豚”）

拼命吃河鲀，是句俗谚。河鲀味美，但内脏含有剧毒，处理不当，就可能致命。日本人嗜吃河鲀生鱼片，厨师必须取得证照，咱们没这种规矩，吃时得冒点风险。已故掌故大家唐鲁孙先生写过一篇杂文“宋子文拼命吃河鲀”，记述宋到汉口视察，前往专卖河鲀的百年老店武鸣园吃河鲀的趣事。唐老出身贵胄，曾为孔宋掌文案，论学问、文采，如今不知有谁能和他比肩？

一种河豚，因受刺激而将身体鼓起。
Bill Eichenlaub 摄，荷文版维基百科提供。

忆八斗子采集

从前海域没有污染，在北海岸就能看到绚烂的珊瑚礁世界。大一的普通生物课，助教带我们到基隆附近的八斗子采集，他不准大伙下海，只能在岸边的潮池里活动。隔了一两个礼拜，我就自己去了，戴上潜水镜，眼前出现了只在电影（那时还没有电视）里才看得到的景象！简直就是座海底大花园。

大二修无脊椎动物学，教这门课的女老师既年轻又漂亮，男生都喜欢她。那学期的采集，地点又是八斗子。我略带炫耀地对老师说，八斗子一带由珊瑚礁构成，又主动要求，希望老师准我们下海，没想到她竟然答应了。我特地做了一把克难鱼枪，又存钱买了副蛙蹼。采集那天，有位普通话中心的老外跟着我们去，他看我光着膀子、腰挂蛙蹼、手提鱼枪、前额上顶着潜水镜，就说："你像一个……"，他摸着头脑想不出下面的词儿，最后只好用英文说："guerilla！"（游击队）

宝石珊瑚

有位信佛的大陆朋友听说台湾产珊瑚，来信要我代她买一串珊瑚念珠。到珠宝店一问，价格贵得吓人。我小的时候，很多店家摆设着珊瑚树，高度应有一米以上，记忆中以桃红色和淡红色的为主。要是价值昂贵，那些门面不大的店铺哪会买得起啊！宝石珊瑚生长在较深的海里，台湾海峡曾经是重要产地，因长期滥采，现已几乎绝迹。

脑珊瑚，
Jan Derk 摄于荷属安地列斯波那里岛。
英文版维基百科提供。

木麻黄

金门开放观光那年，我曾参加旅行团前往观光。当时除了民房，出自军人的一切建设，都显得干干净净、整整齐齐，特别是金门的道路，两旁木麻黄枝干交拱，形成一条条绿色隧道。地陪小林说，这是对付空中侦察用的。在“隧道”中调动兵力，不要说空中，就是在地面，距离稍远一点恐怕也讳莫如深。我问小林，在这八阵图似的道路中开车要怎么认路？他笑着说：“靠记号。”我不禁想起《水浒传》宋公明三打祝家庄的“石秀探路”。

木麻黄属于木麻黄科，原产澳洲，是一种常绿乔木，具有抗风、耐旱、耐盐碱等特性，常用来作为防风林。它长有根瘤，能固定空气中的氮，所以可在贫瘠的土地上生长。木麻黄还有个特点：它那细丝状的“叶”，其实是它的细枝，真正的叶子已退化成鳞片，这个小常识知道的人恐怕不多吧。

麻黄

麻黄属麻黄科，是一种小灌木，叶退化，丛生的细枝，和木麻黄相似。将全株晒干，就是中药。东汉·张仲景的麻黄汤，由麻黄、杏仁、桂枝、甘草构成，用来平喘已有近两千年历史。一九二三年，北京协和医学院药理系的陈克恢博士，从麻黄中分离出麻黄素，并阐明其药理作用，从此麻黄素成为国际瞩目的一种新药，是医治气喘的重要里程碑。

金门一景。

金门土地贫瘠，耐盐碱的木麻黄生长茂盛。

摄于 1994 年。

放牛

现今的年轻人，和上了年纪的一代生活经验完全不同。我曾问过学生，有谁看过水牛，大家都说看过，不过是在动物园里看到的。

小时候我家在农村租屋居住，当时农家都养水牛，因此放牛成为孩子们的日常功课。我们小一到小四只上半天课，如果是上午课，吃过午饭，住在邻村的同班同学阿雄、阿光就牵着或骑着他们家的水牛来找我。通常牵到附近的墓地让牛儿吃草，偶尔也牵到小河让牛儿泡个澡，直到夕阳西下，才牵着牛儿回家。

有一次，我们已回到村头，不知怎的，两头牛儿竟打成一团，阿雄、阿光连骂带打，牛儿就是不肯住手。这时村子里奔出一个大人，手里拿着一排鞭炮，用香烟点燃，朝着抵成一团的头牛扔过去，一阵噼噼啪啪，吓得牛儿再也不敢打了。牛儿怕鞭炮，现今有哪个孩子知道啊！

圣水牛

殷商和西周国人养什么牛？我曾写过五篇论文，结论是：可能是一种已灭绝的水牛——圣水牛。这种上古水牛的牛角切面呈菱形（家水牛呈椭圆形），两角之间有凹陷（家水牛则外凸），体型较家水牛小。参照古生物学文献，殷商西周的青铜器、陶器、玉器、石器等牛型纹饰，全都取象圣水牛，简直就是圣水牛的写实性雕塑！古生物留下雕塑，圣水牛可能是极少数的例子吧！

妇好墓出土的石牛，殷商晚期，其形态与殷墟出土圣水牛一致。

百香果

我们小时候百香果是一种野果，当时叫做“蜜利瓜”（闽南话），百香果这个称谓还没出现呢！初二那年，从外校转来一位同学，他说安坑山上有很多蜜利瓜，要带我去采。那时学校下午三点左右放学，先到他家，带着准备好的柴刀和面粉布袋，两人共乘一辆自行车，过了新店溪就是安坑，经过一片荒地，一会儿工夫就来到山下。

我们带着柴刀和面粉布袋上山，那一带没有山路，两人挥着柴刀钻进灌木丛，只见到处攀着百香果藤。我们爬到树上，先采些熟透了的来吃，再摘来扔进面粉布袋，不一刻就装得快拿不动了。

曾几何时，蜜利瓜改称百香果，体型也改良得变大了，成为正式的水果。我们去采野生百香果的安坑，现已改称安康，到处建起栉比鳞次的高楼。小时候的林林总总，都已成为历史了。

热情果

百香果，较正式的名称为西番莲，属西番莲科，原产南美洲及西印度群岛。西班牙人初次见到这种野果，认为它就是亚当、夏娃所吃的果实，故其英文名称为 passion fruit（热情果）。20 世纪初，日本人引进紫色种，成为低山地区的野果。1960 年，台湾凤梨公司制成果汁，取名百香果汁，百香果一名遂不胫而走，如今说起蜜利瓜，恐怕没几个人听得懂了。

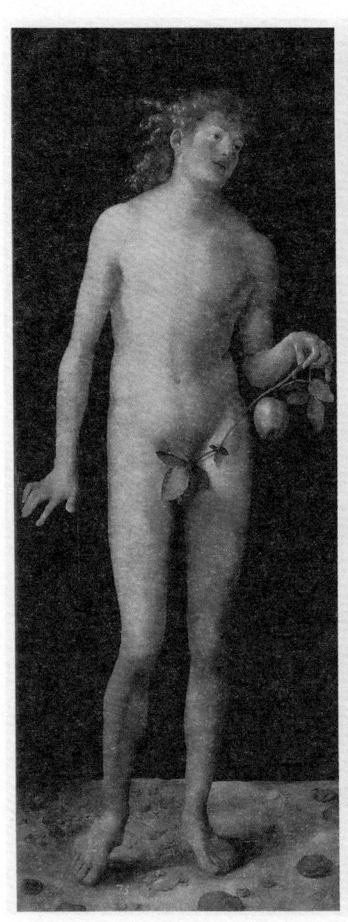
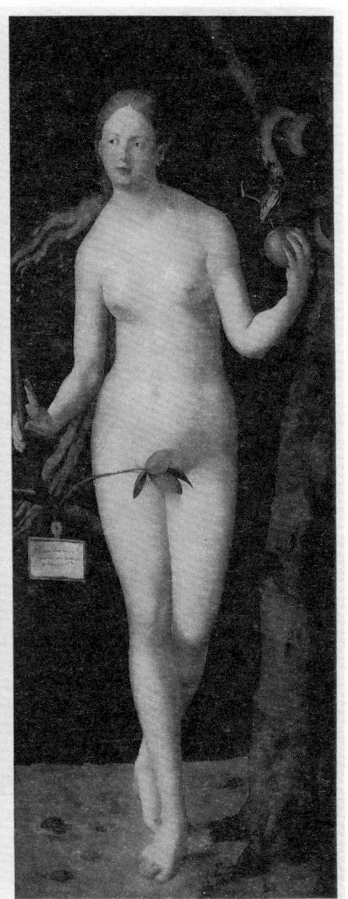

西班牙传教士初次见到百香果，以为就是亚当、夏娃所吃的果实，故取名热情果。

图为杜勒《亚当与夏娃》，油画，1507 年作。

金露花

我对金露花印象深刻，是因为蝴蝶喜欢它，如今一看到金露花，就会想起青少年时的捕蝶情景。

我读中学和大学时，家附近的新店溪，从堤防到河边是片荒地，农民在靠河岸处种竹子，春季采收竹笋；近堤防处辟为一方方菜圃，种上成排的金露花作围篱。金露花最能“招蜂引蝶”，暑假期间，只要不下雨，就有无数的蜜蜂和蝴蝶在金露花上飞舞，将原本无甚可观的野花，装点得华丽而生动。从高中起，我就迷上蝴蝶，上大学时，我的标本已十分充实，只有看到特别美丽的，才会挥动捕虫网。

金露花属马鞭草科，原产南美洲，何时引进台湾已不可考。成串的蓝紫色小花，和成串的金黄色果实，是它的注册商标。不过除了开蓝紫色花的，还有开白花的和斑叶的品种。金露花的果实有毒，千万不要让儿童误食。

冇骨消

冇骨消属忍冬科，多年生矮灌木，自平地到山地都有分布。夏季开出小白花，顶生，复聚伞花序，外观虽不起眼，却是凤蝶最喜欢造访的蜜源植物。我第一次看到台湾特有的高山蝴蝶曙凤蝶，就是在武陵农场附近的一棵冇骨消上。桃红色的斑纹，使人不期然地想起武陵农场的桃花，我在一本书上把它改称“桃红凤蝶”，可惜没见有人响应。

有骨消是野外常见的蜜源植物，蝴蝶特别喜欢光顾，
图为台湾中部横断公路的有骨消和列入保育动物的曙凤蝶。
傅金福摄。

蝙蝠

从前一到黄昏，约两三米高处，会出现一团团的蚊子，经常像跟屁虫似的，跟着人们的脚步挪动。太阳下山后，接着出现无数的蝙蝠，轻巧地上下翻飞。当天色暗下来，在路灯的光晕下，可以见到蝙蝠捕食蚊子和飞蛾的镜头。

蚊子数量庞大，被吃掉些不伤大雅。飞蛾和蝙蝠经过千百万年敌对，却演化出逃避的办法。蝙蝠的速度快，但是它的声呐系统有效距离只有两米，飞蛾的速度慢，却能听出三十米以外的敌踪。如果飞蛾还来不及逃，蝙蝠已飞过来，这时就以忽上忽下、乱飞斜飞、上冲下坠，来扰乱蝙蝠的声呐系统。有些还能发出类似蝙蝠的超音波，主动干扰蝙蝠的声呐系统，简直就是现代空战的翻版！

有道是，道高一尺魔高一丈，蝙蝠一旦发现飞蛾，所发出的超音波会更加密集，这场空战谁胜谁负还是个未知数呢。

翼手目

蝙蝠属于哺乳纲、翼手目，分为大蝙蝠（大翼手亚目）和小蝙蝠（小翼手亚目）两大类。大蝙蝠又称食果蝠或狐蝠，产在热带或亚热带，有一百多种，脸部平整，大多有双大眼睛，夜间靠着视觉找寻果实。小蝙蝠的眼睛很小，飞行时主要靠耳朵，尤其是抓虫吃的蝙蝠（如家蝠），更是全靠耳朵，这就是大家所熟知的蝙蝠声呐系统。

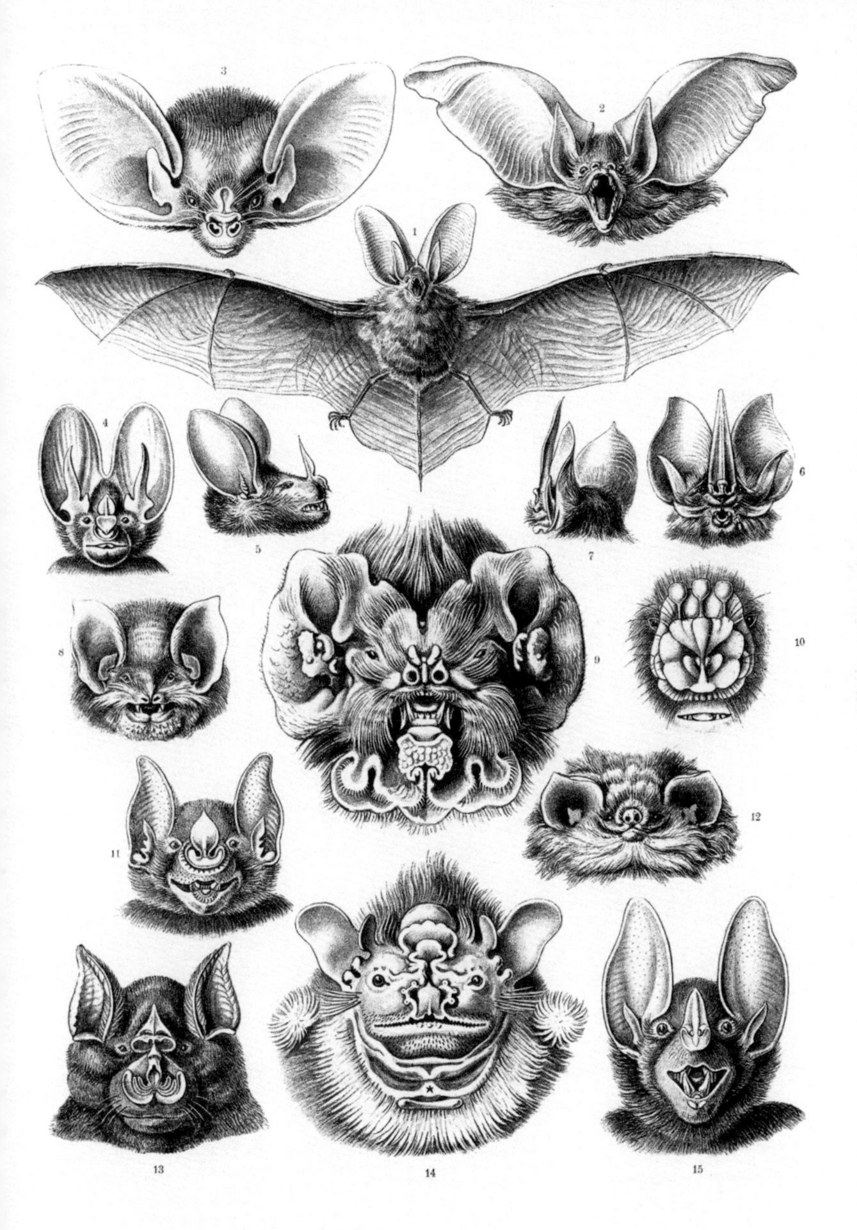

著名生物学家赫克尔于其著作 *Kunstformen der Natur* (1904) 中的插图，

显示蝙蝠的 15 个类别。

复活岛之谜

公元1722年，荷兰探险家罗捷文在南太平洋发现了一个岛屿，那天刚好是复活节，就给它起名复活岛。

复活岛有六百余尊巨石雕像，一般高约五米，重约十八吨，最大的一尊高达九点七五米，重达八十一吨。这些雕像一直是考古学上的谜题：一座荒落的孤岛，怎么养育众多的人口，发展出独特的文明？

近年来，经由花粉化石的研究，揭开了部分谜题。原来复活岛曾经布满茂密的森林，大约五世纪或六世纪，一群波利尼西亚人来到这里，利用当地的天然资源创造了世界上独一无二的文明。后来因为人口增加，天然资源耗尽，这个文明开始衰退，甚至在历史长河中失去踪影。这个例子说明：如果放任人口增加，最后的结果可能是同归于尽。

孢粉学

研究地层中的孢子和花粉化石，可以知道过去的气候和植被状况。举例来说，著名史学家何炳棣教授有本名著《黄土与中国农业的起源》，他借助孢粉学，发现黄土地区的植被，从来都是些耐旱植物。在史前时代，从新疆一直到山东，除了若干山谷，都是半草原地带。

18 世纪末复活岛一景，油画，William Hodges 绘，作于 1795 年。
英文版维基百科提供。

荔枝

北京荣宝斋的水印版画，可以印出渲染效果，几可乱真。舍下挂着两幅水印版画，其中一幅，用彩墨画一篮荔枝，题款：“多利老馋长作天涯客 纤手能为剥荔枝 八砚楼头久别人 白石”。这是齐白石流传最广的画作之一，不论雅俗都能欣赏。

谈起荔枝，自然会想起杨贵妃，此姝嗜食鲜荔枝，唐明皇命岭南（广东）进献，经由驿站兼程送到长安。杜牧诗“一骑红尘妃子笑，无人知是荔枝来”，即指此事。

有一年，我到兰州出席研讨会，在广州转机，买了一篓子荔枝带到大会，晚宴时交给承办人，言明是在广州买的，他竟然说：“这是台湾学者张之杰先生从台湾带来的鲜荔枝！”立刻响起如雷掌声。席间一位西方学者对我说：“谢谢你，你让我们吃到杨贵妃爱吃的鲜荔枝了。”看来不少外国人也知道这个掌故呢！

水果渊薮

世界有三大果树原产地：南欧、华北、华南，中国占其二。起源华北者有桃、李、杏、梨、柿、枣、栗等；起于华南者有柑橘、橙、柚、龙眼、荔枝、枇杷、猕猴桃（奇异果）等；其中以桃、柑橘流传最广。桃大约西汉经西域传入波斯，再传入欧洲，九世纪以后栽培渐多。柑橘较晚传入欧洲，到十世纪始见记载，其中甜橙（柳橙）于1545年传入葡萄牙，再逐渐传播世界各地。

元·钱选《杨贵妃上马图》局部，华盛顿·弗利尔美术馆藏。

绘明皇偕贵妃仓皇幸蜀情景。

自题：“玉勒雕鞍崇太真，年年秋后幸华清；

开元四十万匹马，何事骑骡蜀道行？”

甘蔗

几十年前，常看到有人赌甘蔗。赌的人横刀按着地上竖立的甘蔗，暴喝一声，竖刀猛劈，如果甘蔗破为两半，摊贩就免费相送，否则就要买下那根甘蔗。这种游戏没见什么杂书记载，个人认为，很可能是台湾本地产生的。

十七世纪初，荷兰人占据台湾，开始招募汉族人前来种植稻米、甘蔗。自明郑灭亡至清代中叶，人们只能偷渡来台。在一个单身汉（罗汉脚）充斥、性别极度不均的社会，好赌是意料中事，于是唾手可得的甘蔗也成为一种赌具了。

1895年台湾割让给日本后，日本人扩大蔗田面积，台湾成为东亚的糖业中心，除了运回日本，也销往大陆等地。日本人的糖业公司（会社）对蔗农极端苛刻，故有“第一憨，种甘蔗给会社磅”的俗谚。二十世纪三十年代的小学课本，有这样一课：“台湾糖，甜津津，甜在嘴里苦在心，甲午一战我军败，从此台湾归日本。”唱出国人的椎心之痛。

甘蔗和黑奴

甘蔗属禾本科，原产印度或东南亚。七世纪传到回教世界，十一世纪随着十字军传到欧洲。地理大发现后，殖民者发现加勒比地区适合种植甘蔗，但土著大多死于非命，于是从非洲进口黑奴充当劳力。黑奴押送到港口，一路死亡枕藉；奴隶船出航，海上的死亡率约13%，到达农场，因劳累或因病，每年约死亡10%！加勒比的蔗糖史，其实是一部黑奴的血泪史！

日据时之台湾制糖株式会社旗尾制糖所，即今旗山糖厂。
近处为蔗田，远处为糖厂。
日据时，糖业为会社控制，蔗农困苦无告，
故有“第一憨，种甘蔗给会社磅”之俗谚。

老树

约二十年前，公司搬到新店民权路，我开始步行上班。那时过了建国路，民权路北侧有片农地，每天上下班都会看到一棵枯树，插天矗立在几户农家后头。一天，我信步走进那几户农家的稻埕，从近处看，才知道那棵枯树有多大——大概要四五个人才能合围吧！从残存的树皮，认出它是棵樟树；从树顶的烧灼痕迹，分析它是被雷劈死的，这是许多老树的宿命。

过了几年，那片农地盖起高楼，农宅和老树都不见了。我很后悔，当时没为它拍张照，或用皮尺量量它的周长，或询问一下耆老，它是什么时候死的？从树径来看，汉族人还没来到新店，它肯定已经在那里了。这样的老寿星竟任令雷殛而死，遗体又不知流落何处，怎不教人唏嘘。如果及早为它装设避雷针，将成为新店一景；即使是棵枯树，也是难得的自然纪念物啊！

樟树和樟脑

台湾平地和中低海拔地区的老树大多是樟树，如不遭雷殛、斧斤，可以活到数百岁甚至千岁。樟树的木质中含有樟脑油，具抗虫作用，这是它长寿的原因之一。日据时期，台湾所产的樟脑曾居世界首位，但可以人工合成后，天然樟脑就没落了。现今中央银行等机构，就位于昔日樟脑局旧址，不过我小时候就停产了。

日据时炼制樟脑之樟脑灶，将樟木片置灶中蒸馏。
取自 1935 年刊《台湾蕃界展望》。

金狗毛

我家有两多——书多、艺品多，一位香港朋友说，舍下不像个家，倒像个博物馆。一位水电工到寒舍修电表，他大概地下电台听多了，看到一架架的书，就说："你们外省人有时间读书，我们只能种田、做工。"其实台湾经历过艰难，绝大多数的本省人和外省人都穷苦过。

我们逃到台湾，曾经流浪街头，后来先父找到一份公职，才算安定下来。忘了哪一年，先父从乌来买回一只金狗毛做的小狗，那是我家的第一件摆设，所以印象特别深刻。童稚的我，常对着金狗毛小狗诉说委屈，诸如谁说我是"阿山"啦，谁说我"存一年也买不起一枝棒冰"啦……

金狗毛，就是金狗毛蕨根茎上的鳞毛。取金狗毛蕨的根茎略加修饰，就可以做成小狗、小猫等造型，是当年最便宜、最普通的艺品。大概由于富足了吧，现今各观光区已很少看到金狗毛玩物了。

蕨类

蕨类以孢子繁殖，叶子的背面常可看到一排排的孢子囊。孢子落地，长出具有藏精器和藏卵器的原叶体，下雨时，藏精器所产生的精子，游到藏卵器里和卵子受精，一株新的蕨类就开始了。台湾约有 627 种蕨类，人们较熟悉的是些食用蕨，如山苏（南洋巢蕨），高大的笔筒树也是人们所熟悉的蕨类。

蕨类。

源自 Ernst Haeckel 著 *Kunstformen der Natur*（《自然的艺术形式》），一九〇四年。

英文版维基百科提供。

高脚蜘蛛

相信很多人都有这样的经验：胳臂、腿、脸面、颈项等裸露处，突然红肿、起泡、溃烂，疼痛难忍。几乎百分之百的人会说：被蜘蛛尿洒到了！

民间传说，蜘蛛尿会使人皮肤溃烂，特别是高脚蜘蛛，它们体型大、行动快、相貌丑，又住在家屋里，嫌疑就更大了。我小时候也深信不疑，直到学了昆虫学，才知道是隐翅虫惹的祸，高脚蜘蛛被冤枉了。高脚蜘蛛非但对人无害，还是蟑螂的克星呢！

相信很多人也有这样的经验：大白天竟然看到蟑螂静静地趴着不动，用东西碰触它一下，才知道已经死了。如果你家没施放蟑螂药，那很可能是高脚蜘蛛的杰作。蜘蛛捕到猎物，先注入消化酶，使猎物抽搐、昏迷，并使猎物体内的组织液化，然后以吮吸的方式享用大餐，难怪蜘蛛吃过的昆虫外表完好无缺了。

隐翅虫

隐翅虫属翘翅目，翅退化，长约一厘米，外形很像白蚁。如果不小心把它拍死了或压死了，当体液中的隐翅虫素触及皮肤，就会引发皮肤炎，造成局部性红肿、水泡或溃烂，所幸一般不致留下疤痕。隐翅虫通常栖息在草上和树上，春夏两季出没。到野外踏青或在公园绿地席地而坐，如果脸上、身上落上小虫，最好不要拍打。

科幻漫画《蜘蛛人》于1962年8月在Amazing Fantasy第15期刊出，

此后衍生出小说、电影、电视、电玩等，历久不衰。

图为Amazing Fantasy第15期封面书影。

英文版维基百科提供。

吃蛇肉

服兵役时，在北港集训一个月，时值冬令，朝天宫附近有很多羊肉摊和蛇肉摊。一天有位老士官带我去吃蛇肉，他事先准备了四个鸡蛋，悄悄地对我说，把蛋放在蛇汤里煮，精华就会全都吸进蛋里。

来到一家蛇肉摊，叫了两碗蛇肉，见四下无人，老士官把鸡蛋拿出来，请老板娘帮我们煮。她猛摇头，连说蛋一放进去，蛇汤就不补了。我用闽南话对她说："现在没有其他顾客，有谁知道你的蛇汤里煮过鸡蛋？"她寻思了一会儿，才勉强答应，不过只准煮两枚。

我们蛇肉吃完，两个鸡蛋也煮熟了，这时仍无其他顾客，老板娘瞅了一下左右，迅速把蛋捞出来，并一再交代，叫我们不能把煮蛋的事说出去。

回到连上，老士官把每个鸡蛋切成四块，连长、辅导长和我各一块，剩下的五块他自己吃。有人问我，吃了那块鸡蛋有什么反应？我想了想，很认真地回答："不知道。"

吃蛇胆

当研究生时，有位教授研究蛇，每当捕蛇人送来毒蛇，他的助教就忙了，先麻醉，再剖开胸腔，直接从心室抽血，然后系上标签，扔到福尔马林里泡起来。每次抽血，我们就向那位教授要蛇胆吃。有位女助教为了考GRE，每天开夜车，视力越来越差，我们怂恿她吃蛇胆。蛇胆当真对视力有益吗？不久她就戴起眼镜来了。

印度捷布夏宫前所见的弄蛇人。
眼镜蛇随弄蛇人笛声摇摆，是一种防御行为，蛇类并没有听觉。
作者摄。

忆清泉岗

如今服兵役尽量离家近，从前尽量让你离家远，我在台中清泉岗服役，算是不远不近的。清泉岗太大，在基地活动，必须以自行车代步，从连部到独立排，要骑半个多小时。整个基地除了跑道和建筑物，其余全是比人还高的狼尾草，一望无际，有如绿色波涛。

狼尾草太密，只能往高处发展，所以长得又高又直。茂草中有些蜿蜒小路，宽度容不下两辆自行车会车。我们骑车前往各岗哨查哨，常有野兔窜出，迅速钻进另一侧草丛，窸窸窣窣失去踪影。有时看到环颈雉在茂草上掠过，近得可以看清身上的细部花纹。

那时越战方酣，清泉岗是美军基地，有不少美军常驻。阿兵哥常去捡拾美军的剩菜剩饭，或美军扔掉的任何东西。捡到书报杂志，肯定会送给爱读书的行政官。

此兔和彼兔（rabbit, hare）

兔子有两类，一类在洞穴里生产，出生时浑身裸露，英文叫做rabbit；一类在草上生产，出生时具毛发，英文叫做hare。这两类兔子在分类上不同属，但中文并未解析成两个字，也没有适当的译名。要说rabbit是“家兔”吧，它们至今仍有野生的，否则怎会有“狡兔三窟”的成语？从兔子的例子可以看出，西方的动物命名较细，中国较笼统，类似的例子甚多，就不多举了。

文艺复兴时期画家杜勒所作小野兔（Young Hare），水彩画，1512 年。
英文版维基百科提供。

红叶

有一年十一月，我到四川西昌参加研讨会，会后前往泸沽湖旅游。我们在似路非路的山径上盘旋了一天，一路落石不断，道路时时被山涧冲垮，至今仍有余悸。可是我们看到了绝美的红叶，留下的印象较泸沽湖还要深刻呢！

台湾地处亚热带，看不到“正点”的红叶。日本的红叶虽美，但净是些枫树，难免单调。我在川西山区所看到的，简直是个大自然的调色盘！画面主要由一簇簇不同色调的红、橙、黄构成，间杂着一些常绿树所提供的绿色系，把整个大山装点得艳丽绝伦。

入秋以后，叶绿素分解，原本隐而不显的叶黄素、胡萝卜素和花青素透露出颜色。尤其是花青素，随着酸碱值变色，是植物颜色的主要来源。那次泸沽湖之旅，我们所经过的山地超过两千米，高山植物花青素较多，当它们变成红叶，自然格外烂漫了。

叶黄素

一九九四年，医学界发现叶黄素可降低黄斑退化，其后又发现，也可降低白内障的发生率。含叶黄素较多的蔬果有：甘蓝、菠菜、芥菜、花椰菜、南瓜、玉米、奇异果、葡萄、柳橙等。目前叶黄素已成为热门话题，各健康食品公司相继推出含有叶黄素的保眼营养品，尽管名目繁多，但仍以选用国际大药厂的产品为宜。

日本京都佛寺外红叶，

图中的红叶为枫树，学名 *Acer palmatum*。

Tenryuji Momiji 摄，英文版维基百科提供。

蔷薇、月季、玫瑰

至迟到北宋，国人已将蔷薇育成月季。蔷薇蔓生，花小而密，五至六月开放；月季直立，花单生，四至十一月开花。地理大发现后，月季西传，西方人将之育成“现代月季”，后来国人将现代月季特称玫瑰。

那么月季和玫瑰有什么分别？其实分别不大。玫瑰花期较短，花形较大较艳。不过月季也有大花品种，玫瑰也可调整得花期较长，要弄个泾渭分明还真不容易呢。

在我国，月季从来就不是什么名花，也没有任何象征意义。在西方，蔷薇、月季、玫瑰皆称rose，自古就有甚多象征意义。古希腊神话中，rose由垂死的美少年亚度尼斯流出的鲜血生成，而亚度尼斯是爱与美女神阿芙洛狄特的爱恋对象，于是rose成为爱情的象征。十五世纪，教会颁布*Rosarium*（《玫瑰经》），以rose象征圣母，其文化意涵已高不可攀。

玫瑰辞源

玫和瑰从玉，《说文》释玫:“火齐，玫瑰也。一曰石之美者。”火齐，指红色宝石，班固《西都赋》：“翡翠火齐，流耀含英。”用玫瑰称呼现代月季，显然是个借词，借用者可能是教会人士。就笔者所知，玫瑰（花）最早见于乾隆中叶成书的《红楼梦》和《本草纲目拾遗》。国人不重视月季，教会人士岂能将Rosarium译成《月季经》？这或许是借用玫瑰一词的由来吧。

ROSARIVM

PHILOSOPHORVM.

SECVNDA PARS ALCHIMIÆ

DE LAPIDE PHILOSOPHICO VERO MODO

præparando, continens exactam eius scientiæ progressionem. Cum Figuris rei perfectionem ostendentibus.

十五世纪，教会颁布《玫瑰经》，以玫瑰象征圣母。

图为1550年刊刻拉丁文《玫瑰经》。

莲花

莲花又称荷花，宋朝周敦颐作《爱莲说》，以莲花喻君子：“予独爱莲之出淤泥而不染，濯清涟而不妖，中通外直，不蔓不枝，香远益清，亭亭净植，可远观而不可亵玩焉。予谓菊，花之隐逸者也；牡丹，花之富贵者也；莲，花之君子者也。”

国人重视莲花，当然不自周敦颐始。莲花可说是佛教的教花，象征身心意圣洁不染。魏晋起佛教盛行，莲花的种种象征意义随之传入我国。莲花是佛教的“八吉祥”之一。佛菩萨坐在莲花座上。西方极乐世界开遍莲花。《妙法莲华经》以莲花取名。六字真言“唵嘛呢叭咪吽”意为“啊！莲花中的宝石！”佛教中的莲花意象哪能说得完啊！

莲花原产何处？过去说是印度，如今大陆学者说是中国。不论它原产何地，印度人以莲花为国花，又赋予它甚多象征意义，我们就不必争了。

莲和睡莲

莲花和睡莲过去同属睡莲科，现今分属莲科、睡莲科。莲花原产亚洲，睡莲原产中南美。莲的叶子和花挺出水面，睡莲的叶子浮在水面，花稍挺出水面。莲花白昼开花，睡莲傍晚至翌日晨开花。莲花谢后结出莲蓬、莲子，睡莲花谢后没入水中，果实在水面下发育成熟。莲花有粗大的根茎莲藕，睡莲的球茎不会长成莲藕。

莲花在佛教有甚多象征意义。

图为《妙法莲华经》卷前图——趺坐莲花座上的佛陀。莲华，即莲花。

落花生

民初散文家许地山先生写过一篇《落花生》，从前曾选入语文课本，大意是说，他家后院有片空地，母亲说："让它荒着怪可惜的，你们那么爱吃花生，就开辟出来种花生吧。"收成时，他们在后园的亭子里品尝自己种的花生，父亲借机说："它的果实埋在地里，不像桃子、石榴、苹果那样，把鲜红嫩绿的果实高高地挂在枝头上……所以你们要像花生，它虽然不好看，可是很有用，不是外表好看而没有实用的东西。"

花生原产南美，明代中叶（十六世纪）传到闽粤一带，到了清初，已遍布大江南北。花生是重要的油料作物，也是最普通的零食，炒熟加上麦芽糖，可制成花生酥，金门的花生酥驰名遐迩，当年到金门服役的阿兵哥，返台时免不了会带些馈赠亲友。贡糖的"贡"字，一说为"摃"字之误，但明代中叶花生传入闽粤，传入初期曾以之作为贡品，也不是完全没有可能。

美洲作物

印第安人对文明最大的贡献，就是育成许多重要作物，举其荦荦大者，有番薯、玉米、花生、马铃薯、南瓜、辣椒、西红柿、菠萝、木瓜、番石榴、酪梨、可可、向日葵、烟草等。对中国来说，番薯传入意义重大：番薯耐贫瘠土壤，自秧苗（地瓜叶）到长出块根，任何一个阶段都可食用。清初中国人口首度破亿，和番薯传入不无关系。

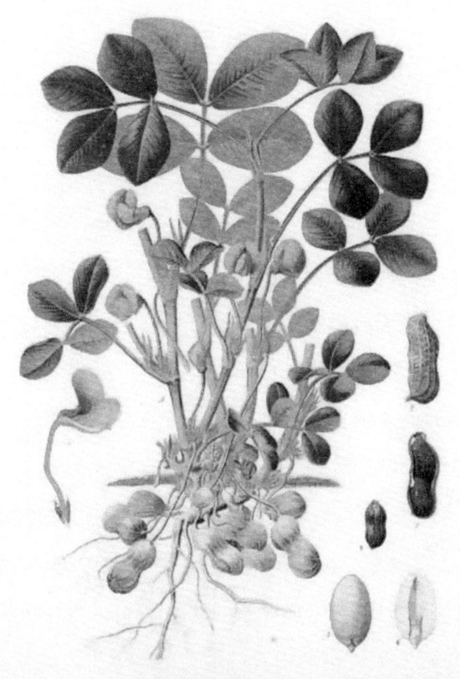

玉米是印第安人育成的重要作物，图为各种品种的玉米。此图源自美国农业部。Keith Weller 摄，英文版维基百科提供。

阿勃勒

大三那年六月底某日，一位学姐毕业，约好为她拍照，一大早来到校园，蓦然发现校门口的阿勃勒（腊肠树）开了，一串串黄花，映着朝阳格外娇艳。来年毕业季节，那片阿勃勒再次盛开，我们也唱起骊歌。此后只要看到阿勃勒的黄花，就会兴起一种淡淡的愁绪。

从前阿勃勒并不普遍，师大校门口那几棵特别引人注意。串串黄花开过，接着长出30～60厘米的荚果，一根根挂在树上，约一年后才会掉落。它种在师大门口，又会长出棍棒状的荚果，难怪有人称它“教鞭树”了。如今阿勃勒已极寻常，寒舍附近的小公园就种着十几株，我们常捡拾掉在地上的荚果，用来当敲打身体的按摩棒。

阿勃勒属苏木科，原产印度，唐代以前就传入中国，原称阿勒勃，显然是梵语名aragvadha的音译。明朝李时珍《本草纲目》误为阿勃勒，遂以讹传讹。英语称为golden shower，传神极了。

中印交流

中国和印度的文化交流，中国传到印度的少之又少，印度传到中国的却多不胜数。除了佛教，中国的文学、戏曲、天文、医学等等，都受到印度影响，甚至连日常用语——如一“刹那”，都是印度来的。印度的佛教和印度教传遍东亚和东南亚，印度文化随之散布各地。中国缺乏世界性宗教，影响力只限于韩、越、日而已。

阿勃勒生长在热带地区，温带国家将其果实作为艺术品。
Frank C. Müller 摄于德国 Baden-Baden，德文版维基百科提供。

致谢

这本集子源自警察广播电台的《张之杰札记》，个中因缘见前言。若非总台长赵镜涓女士和知名主持人丁芳女士记得我这个老朋友，邀我写作过门用短文，就不会有这本集子。本书编成，两人又为我写序和推荐，饮水思源，首先要谢谢她们。

同事张嘉芳女士很喜欢《张之杰札记》，她建议加强自然部分，要为我出本两百页左右的精致小书。后来虽然事与愿违，但这本集子是照她的设想增补的。嘉芳是本书的催生者之一，我要谢谢她。

我要谢谢中副、联副、金副的执事先生。我热衷投稿已是几十年前的事，各报的副刊已没几人认识我，他们乐意用我的稿子，都是我的知音。

我要谢谢提供图片的朋友们，更要谢谢维基百科，要不是有这么一部“自由的百科全书”，本书的配图工作根本无法完成。

我要谢谢老同事朱文艾女士，三十多年来我写的东西几乎都请她过目，她是我写作上的一大支柱。

我要谢谢内人吴嘉玲女士，她使我无后顾之忧，她是我东游西荡、率性而为、多所尝试的最大凭借。

繁体字版在老同事黄台香女士的风景出版社出版，为她增添许多麻烦，这份情谊岂是一个谢字所能尽其万一！

至于简体字版，若非获得科普出版社杨虚杰女士青睐，不可能走出小岛，在神州大地上亮相。科普出版社的各级领导，和参与这本小书的文编、美编等所有工作人员，都是我的贵人，谨此一笔谢过吧。

（二〇一六年三月十三日于新店蜗居）

图书在版编目(CIP)数据

台湾自然札记 / 张之杰著 .—北京：中国科学技术出版社，2016.10（2019.10重印）

ISBN 978-7-5046-7241-4

Ⅰ. ①台… Ⅱ. ①张… Ⅲ. ①自然科学－普及读物 Ⅳ. ① N49

中国版本图书馆 CIP 数据核字 (2016) 第 230970 号

策划编辑　杨虚杰
责任编辑　鞠　强　赵慧娟
装帧创意　林海波
设计制作　犀烛书局
责任校对　刘洪岩
责任印制　马宇晨

出　　版　中国科学技术出版社
发　　行　中国科学技术出版社有限公司发行部
地　　址　北京市海淀区中关村南大街 16 号
邮　　编　100081
发行电话　010-63583170
传　　真　010-63581271
网　　址　http://www.cspbooks.com.cn

开　　本　880mm×1230mm　1/32
字　　数　150 千字
印　　张　7
版　　次　2016 年 10 月第 1 版
印　　次　2019 年 10 月第 2 次印刷
印　　刷　河北远涛彩色印刷有限公司

书　　号　ISBN 978-7-5046-7241-4 / N·213
定　　价　56.00 元